普通高等教育电子信息类系列教材

电子测量仪器实践指南

万明 著

西安电子科技大学出版社

内 容 简 介

本书主要介绍了几种常用电子测量仪器的概念、功能与基本工作原理，并通过常见的典型测量实例介绍了仪器的使用方法。全书共9章：第1章介绍常用电子测量仪器的基础知识；第2~8章分别介绍万用表、示波器、信号发生器、频谱分析仪、网络分析仪、天馈线测试仪和射频功率计七种常用测量仪器的相关知识和测量实例；第9章介绍电子测量仪器的数据处理和远程访问等内容。

本书可作为高等学校电子科学与技术、电气工程、信息与通信工程、兵器科学与工程等专业的教材，也可作为相关专业工程技术人员的参考书。

图书在版编目(CIP)数据

电子测量仪器实践指南 / 万明著. —西安：西安电子科技大学出版社，2023.1(2025.1 重印)
ISBN 978-7-5606-6686-0

Ⅰ.①电… Ⅱ.①万… Ⅲ.①电子测量设备—指南 Ⅳ.①TM93-62

中国版本图书馆 CIP 数据核字(2022)第 204933 号

策　　划　明政珠
责任编辑　秦志峰
出版发行　西安电子科技大学出版社(西安市太白南路 2 号)
电　　话　(029)88202421　88201467　　　　邮　　编　710071
网　　址　www.xduph.com　　　　　　　　电子邮箱　xdupfxb001@163.com
经　　销　新华书店
印刷单位　广东虎彩云印刷有限公司
版　　次　2023 年 1 月第 1 版　　2025 年 1 月第 2 次印刷
开　　本　787 毫米×1092 毫米　1/16　印 张　11
字　　数　256 千字
定　　价　51.00 元
ISBN 978-7-5606-6686-0
XDUP 6988001-2
如有印装问题可调换

前　言

　　测量是通过实验方法对客观事物取得定量信息的过程。测量学从物理学、化学等学科中发展起来，逐渐成为一门独立学科，与其他学科并行发展，彼此促进。测量学就像科学的听诊器、手术刀，伴随着科学同步发展，同时又为科学的假想和实证提供有力的引导和支撑。到 20 世纪末，测量学已经发展成为一门从测量原理到测量方法，从测量装置到测量数据处理的理论严密、体系完整的学科。

　　电子测量是测量学的重要分支。电子测量是以电子技术理论为依据，以电子测量仪器为手段，对电量和非电量进行测量的一种测量技术。近几十年来，微电子学和计算机技术的迅猛发展，促进了电子测量技术和电子测量仪器的发展，不仅改变了传统电子测量的概念，而且推动了整个电子技术和其他科学技术的进步。与其他测量技术相比，电子测量技术具有频率宽、量程大、速度快、距离远、易于实现自动化和智能化等优点，同时也存在影响因素多、误差处理复杂、准确度相差悬殊等缺点。

　　作者在航空电子技术领域躬耕多年，在长期的科学研究和教学实践中，深感电子测量的重要性，也发现了电子测量教学中存在的一些问题。在理论原理的教学中，众多学子往往困惑于抽象的数学表示和复杂的公式推导，对于“看不见摸不着”的信号与波形，无法建立直观的感官认知，在“有像无形”的学习中逐渐丧失了学习的热情。在工程实践中，有些人由于不理解测量仪器的相关术语和工作原理，面对理论知识与具体实践之间的转换，有时手足无措，甚至对自身掌握的理论体系产生怀疑。有些人在走上工作岗位后，由于测量知识的欠缺，不敢使用仪器，或者是在使用仪器的过程中，因操作不规范、使用不当、处置有误等而造成了财产的损失或人员的伤害。为了帮助大家解决这些问题，作者编写了本书。

　　本书主要介绍了万用表、示波器、信号发生器、频谱分析仪、网络分析仪、天馈线测试仪和射频功率计七种常用测量仪器的相关知识和测量实例。实际工作生活中还有不少电子测量仪器，如稳压电源、调制域分析仪、光谱分析仪、网络测试仪、LCR 测量仪、Q 表、光纤测试仪等。本书仅介绍了最重要且最常用的几类，这些都是电子工程师会用到的基础仪器，同时也是航空电子工程领域最常使用的仪器。

在本书的撰写过程中，雷霆、张鑫同志对图表的制作和文稿的校对与排版提供了无私的帮助，杨凯教授对本书的内容设置和测量实例提出了宝贵的意见和建议，同时中国电子科技集团公司第四十一研究所提供了部分仪器资料与技术支援，家人给予了支持与鼓励，在此一并感谢！

由于作者学识有限，书中难免存在不妥之处，敬请读者批评指正！

著 者

2022 年 9 月

目　　录

第 1 章 电子测量仪器基础知识

本章主要介绍常用电子测量仪器、电工仪表的等级及仪器的计量检定、仪器使用通用规范及常见符号、常见接口及其特性、常见探头与表笔等内容。

1.1 常用电子测量仪器

广义的电子测量仪器是指利用电子技术进行测量的仪器，它是测量仪器的一大类别。电子测量仪器的技术基础是微电子技术、信号产生与处理技术、计算机技术、网络技术、自动化技术等。电子测量仪器在技术上经历了从模拟到数字再到智能化的发展过程，在结构上则经历了从单一到综合、从台式到模块、从专用到通用、从硬件到虚拟的演进历程。下面简要介绍电子测量领域常用的测量仪器。

1. 万用表

万用表(Multimeter)通常可用于测量电路的电阻、交/直流电压、交/直流电流，部分万用表还可用于测量电容器、电感器、晶体管的主要参数以及频率、温度等。由于万用表功能多样，因此也称其为三用表(即电流、电压、电阻测量)、多用表、复用表、万能表等。图 1.1 所示为胜利 VC890D 型万用表的外观。熟练使用万用表是电子测量最基本的技能之一。

图 1.1　万用表(胜利 VC890D)

2. 示波器

示波器(Oscilloscope)是一种用途十分广泛的电子测量仪器，它能把肉眼看不见的电信号变换成看得见的图像，便于人们研究各种电现象的变化过程。示波器虽不像万用表那样能够直接测量电阻、电容等电子元器件的参数，但它能将电信号转换为时域坐标上的曲线，以图形的方式表征电信号在时间轴上的变化情况，因此在电子测量中具有无法替代的重要地位。图 1.2 所示为固纬 GDS-1102-U 型示波器的外观。

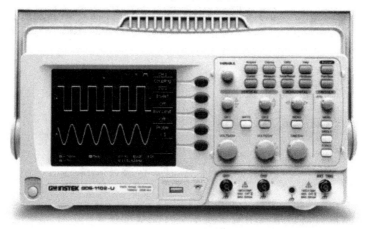

图 1.2　示波器(固纬 GDS-1102-U)

3. 信号发生器

在测量各种电子器件、电子设备的频率特性(如带宽等)、幅值特性(如增益、损耗等)、相位特性(如速度因子、群延迟等)及其他电参数时，往往需要对被测器件或设备输入所需的激励，从而测量被测对象的输出特性，并将其与输入激励进行比较，以获得所需的参数。信号发生器(Signal Generator)正是这样一种能提供各种常见激励信号的设备。图 1.3 所示为固纬 AFG-2120 型信号发生器的外观。

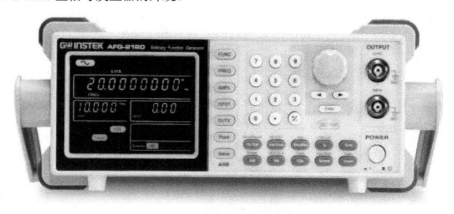

图 1.3　信号发生器(固纬 AFG-2120)

4. 频谱分析仪

如果说示波器是时域测量仪器的基础，那么频谱分析仪(Spectrum Analyzer)就是频域测量仪器的第一扇门。从时域扩展到频域，频谱分析仪成为从频谱视角分析信号特征参数的重要利器。频谱分析仪是测量电信号频谱结构的仪器，用于信号失真度、调制度、谱纯度、频率稳定度和交调失真等信号参数的测量，也可用于测量放大器和滤波器等电路系统的参数，是一种多用途的电子测量仪器，它又被称为频域示波器、傅里叶分析仪或频率特性分析仪等。图 1.4 所示为普源 RSA5065N 型频谱分析仪的外观。

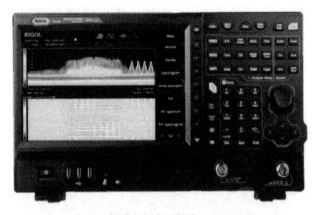

图 1.4 频谱分析仪(普源 RSA5065N)

5. 网络分析仪

自从提出集总参数电路和分布参数电路的概念，网络分析法就成为分析射频电路的基本方法。任何电路均可从网络的视角进行表征和分析。网络分析仪(Network Analyzer)就是一种能在宽频带范围内进行扫描测量，以确定网络参量的综合性射频测量仪器。图 1.5 所示为罗德与施瓦茨 ZNB 型网络分析仪的外观。网络分析仪被认为是一种集成了射频信号源、频谱分析仪、射频功率计等仪器功能的综合性仪器，其主要测量对象为网络的 S 参数，由此可算出阻抗(或导纳)、衰减(或增益)、驻波比、回波损耗、隔离度、定向度、相移和群延时等多种参数。

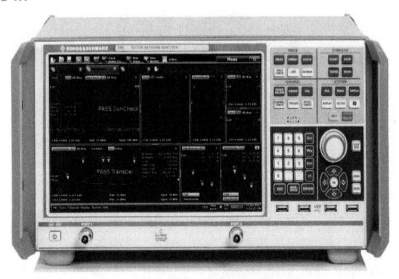

图 1.5 网络分析仪(罗德与施瓦茨 ZNB)

6. 天馈线测试仪

作为射频电路的重要组成部分，天线及其馈线也是影响电子系统性能参数的重要因素。虽然用网络分析仪也能测量天馈线的驻波比、回波损耗等性能参数，但其使用及操作稍显复杂，且价格昂贵。为了适应批量生产和户外使用的需求，作为测试天线、馈线的专用仪器，天馈线测试仪(Cable and Antenna Analyzer)应运而生。同时，天馈线测试仪在电缆故障定位方面有其特殊作用。图1.6所示为思仪3680B型天馈线测试仪的外观。

图1.6 天馈线测试仪(思仪3680B)

7. 功率计

功率计(Power Meter)即测量电功率的仪器。一般功率计由功率传感器和功率指示器两部分组成，有时也做成一体。功率传感器也称为功率探头，它把电信号能量转换为可以直接检测的电信号。功率指示器包括信号调制、功率校准、数据分析、结果显示等组成部分。为了适应不同频率、不同功率电平和不同传输线结构的需要，一台功率计往往配备多种功能各异的功率探头。图1.7为罗德与施瓦茨NRP2型功率计的外观。

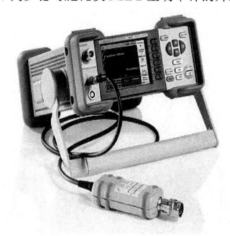

图1.7 功率计(罗德与施瓦茨NRP2)

8. 信号分析仪

信号分析仪(Signal Analyzer)也称为通信信号分析仪、调制域分析仪，是能够完成信号矢量分析的电子测量仪器。信号分析仪可针对通信系统、雷达系统等，分析其各种模拟、数字调制信号。信号分析仪通过测量信号频域和解调域的参数指标，并进行快速扫描、信号检测、信号判断、参数提取、信号分析等，得到信号的功率、频率、带宽、相位、调制等性能参数。图1.8所示为是德科技N9040B型信号分析仪的外观。

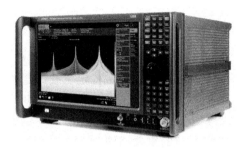

图 1.8　信号分析仪(是德科技 N9040B)

需要说明的是，实际使用的电子测量仪器远比以上描述的种类更为丰富，型号更为多样，如频率计、计数器、LCR 测试仪、无线电综测仪、微波综测仪等。此外，还有众多的电子测量辅助仪器，如稳压电源、模拟负载、耦合器、功分器、衰减器等，绝非一书所能囊括。

1.2　电工仪表的等级及仪器的计量检定

1.2.1　电工仪表的等级

电工仪表的等级是指电工仪表的准确度等级，即按满度误差 γ_m 从小到大的顺序划分为 0.1、0.2、0.5、1.0、1.5、2.5、5.0 级。例如，当某仪表的电工等级 $s = 0.5$ 时，表示其准确度等级为 0.5 级，即满度误差 $|\gamma_m| \leqslant 0.5\%$。

需要说明的是，电工仪表测量时的误差并非仅仅取决于电工仪表的等级。例如，使用准确度等级为 1.0 级、量程为 100 V 的电压表 A 和准确度等级为 0.1 级、量程为 5 kV 的电压表 B，同时测量一个电压值约为 80 V 的信号，前者的测量结果为

$$绝对误差 = \pm 1.0\% \times 100\ V = \pm 1.0\ V$$

$$相对误差 = \frac{\pm 1.0\ V}{80\ V} \times 100\% = \pm 1.25\%$$

后者的测量结果为

$$绝对误差 = \pm 0.1\% \times 5000\ V = \pm 5\ V$$

$$相对误差 = \frac{\pm 5\ V}{80\ V} \times 100\% = \pm 6.25\%$$

可见，前者的准确度等级虽然较低，但因为量程更接近于实际值，所以测量结果更准确。

另外需要说明的是，对于同一仪表，不同量程时的满度误差通常是不同的。一般来说，量程越小，绝对误差就越小，但准确度等级(也就是最大绝对误差与量程的比值)不一定越高。若无特别说明，一般以各量程的最低等级作为仪表的准确度等级，此时的测量绝对误差计算如下：

$$绝对误差 = 最大量程 \times 准确度等级\%$$

1.2.2 仪器的计量检定

计量检定是指为评定计量器具的计量性能(精确度、稳定性、灵敏度等)，并确定或证实其技术性能是否合格所进行的全部工作。计量检定主要评定的是计量器具的计量特性，如准确度、稳定度、灵敏度等基本计量性能，以及影响准确度的其他计量性能，如零漂、线性、滞后等。计量检定由国家法定计量部门或其他法定授权的组织实施，是进行量值传递的重要形式，是保证量值准确一致的重要措施。

1. 计量检定分类

(1) 仪器的计量检定按照管理环节的不同，通常分为以下 5 种：

① 出厂检定：制造仪器的企业或销售单位在销售前进行的计量检定。

② 周期检定：按照仪器使用及操作规定，每隔一段时间进行的定期计量检定，需要注意的是，不论仪器是否使用，都需要每隔一定时间进行周期计量检定。

③ 修后检定：对修理后的仪器，在交付使用之前进行的计量检定。

④ 进口检定：在海关验放后由政府有关计量行政部门进行的计量检定。

⑤ 仲裁检定：以裁决为目的的计量检定。

(2) 仪器的计量检定按照管理性质的不同，可分为强制检定和非强制检定，两者统称为计量法制检定。

2. 计量检定方式

计量检定可以采用以下两种方式：

(1) 整体检定法：又称为综合检定法，它是主要的检定方法。这种方法是直接用计量基准、计量标准来检定计量器具的计量特性。

整体检定法的优点是简便、可靠。如果被检计量器具需要而且可以取修正值，则应增加计量次数(例如把一般情况下的 3 次增加到 5~10 次)，以降低随机误差。整体检定法的缺点是当受检计量器具不合格时，难以确定这是由计量器具的哪一部分或哪几部分所导致的。

(2) 单元检定法：又称为部件检定法或分项检定法。它分别计量影响受检计量器具准确度的各项因素所产生的误差，然后通过计算求出总误差(或总不确定度)，以确定受检计量器具是否合格。

1.3 仪器使用通用规范及常见符号

1.3.1 通用安全操作规范

1. 仪器供电

实验室的电源系统要求稳定可靠，否则可能引发非常严重的安全事故，要确保仪器工位的电源参数在仪器额定电压的 10%、额定频率的 5%之内。应按实验要求安装稳压净化电源。接地系统要满足规范要求，对电源电压和接地必须进行日常检查。需要注意：实验室的电源、配电箱中通常配置有漏电保护器，某些实验设备的漏电电流比较大，这类设备可能会导致电源的漏电保护器断开。

首次使用仪器时，开机之前必须检查仪器的额定电压与实验室的电源电压是否匹配，如果不匹配，则需要调整仪器的电源和保险设置。开启电源之前，检查仪器连接电源插座的电压是否正常，必要时对供电的电源要进行稳压和净化。仪器的电源线和插头必须完好可靠，不能破损或改装，不允许自制电源线。检查保护地的连接是否正常，检查仪器的电插头与插座是否匹配，一定要保证是同类型连接。

高压和大功率设备尤其需要注意人员安全，发射机功放等大功率设备必须规范接地。如果不是维护、维修等必要情况，则应避免人员靠近高压或大功率设备，禁止人员触碰可能出现危险的地方。禁止人员进入工作中的强电磁场区域，例如 EMS 测试区域，人员远离大功率发射天线。

2. 静电防护

室外接地体的敷设如图 1.9 所示，金属接地体可以使用较粗的铜柱体或者是多根导体焊接的组合体，金属接地体周围的土壤需要注入降电阻剂。金属接地体引出的接地端应露出地面，将电阻器与地面之间回填土夯实。

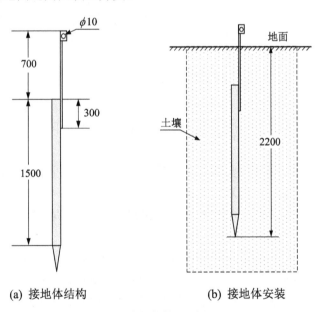

(a) 接地体结构　　　　　　　(b) 接地体安装

图 1.9　室外接地体的敷设(单位：mm)

建筑防雷，也就是通常所说的避雷针，要求其接地电阻小于 10 Ω。避雷针必须与其他的接地网隔离。避雷接地与其他的室外接地体之间物理间隔应在 20 m 以上。电源系统的接地电阻要求小于 4 Ω。地线 PE 与中性线 N 不能连接在一起。仪器的工作地接地电阻应小于 1 Ω，以提供信号参考地和屏蔽接地。一些设备带有接地端子，例如大功率功放和人工电源网络等，需要很好地接地，而多数常用的仪器没有单独的工作接地端，一般由电源地 PE 来保证接地，接地电阻可以放宽至小于 4 Ω。

仪器周围的静电主要来源是人体静电，例如人员在操作台上的自然移动所形成的摩擦静电可达 400 V～6 kV。在泡泡袋或塑料袋中取放材料时，人体的静电可以接近 30 kV，操作电脑键盘时，人体静电可达上千伏。静电对于仪器的危害非常大，同时静电又有隐蔽性，只有当静电的电压足够高(约 2～3 kV)时，人体才有感觉。静电对于仪器的损伤程度可以积累，一次静电放电之后，仪器可能并没有表现出明显的损伤，多次积累以后仪器就可能彻底烧坏。

实验室或者仪器工作区需要有完善的静电防护措施，包括防静电地板、防静电工作台、防静电推车、防静电收纳盒，还有静电消除器等。环境湿度要求为 45%～65%，必须对温湿度进行实时监测和记录。防静电的接地电阻小于 10 Ω，一般每月检查一次。人体静电压小于 5 V，每周检查。

仪器操作人员应有防静电手环、防静电手套/指套、防静电服、防静电鞋等。建议在静电敏感仪器工位配置非接触式除静电设备，安装在仪器的工作台上方或侧方。可采用除静电离子风机作用于操作区(包括人员、仪器和被测件)。

3. 仪器的运输与存放

在搬运仪器前要断开所有的连接线缆和连接器，注意面板上所有的突出端子，避免磕碰。个人搬运单台仪器的时候采用蹲起姿势，不能使用弯腰姿势。较重的仪器需要两人搬抬，台式设备的短距离搬运需要采用合适的仪器车。如果是长途运输仪器，必须采用严格的防震包装。绝对不能带电大范围移动开机工作中的仪器，比如将仪器不关机从一个工作台搬到另一个工作台是不允许的。除了 USB 等外置连接的设备，禁止带电插拔可拆卸部件。

仪器的工作环境要保持稳定，在仪器工作期间，尽量保持实验室的温湿度恒定，最佳的实验室温度是 23℃ ± 1℃，最佳的湿度是 60% 左右，仪器工作环境温度通常要求大于 5℃，雨雪天气绝对禁止外场使用通用仪器，没有防水设计的仪器附近不可放置饮品以及其他的液体。

仪器的保存也要注重环境要求，注意温湿度变化，定期开机检查维护，通常要求每季度开机检查仪器的状态。可拆卸的电池必须取出单独放置，不可以放在仪器内与仪器一起存放。每季度检查电池组是否充满电。仪器存储的极限温度是 -40℃～+70℃。最佳的保存温度是 18℃～40℃，湿度小于 50%。

环境的温湿度变化可能会导致仪器内部结露。当仪器从低温状态进入温湿度较高的环境和状态时，比如冬天将仪器从室外搬运进室内，仪器内部可能会发生结露，此时如果立即开机，则可能会发生危险，甚至无法开机。在相对湿度大于 95% 的超高湿度环境下也可能会发生无法开机的状况。

4. 仪器的摆放

仪器在实验台上的摆放也是有要求的，实验台要足够坚固，防止出现实验台倒塌损坏仪器或者伤人的情况。请勿将仪器放置在散热器等发热装置上，也不要太靠近发热装置。仪器的边缘不能超出操作台。摆放仪器时需要注意，上下叠放的仪器最多 3 台，小尺寸的仪器放在大尺寸仪器的上方，不允许上大下小地叠放。仪器叠放如图 1.10 所示，其中图 1.10(b)所示的 4 台仪器叠放在一起是错误的。图 1.10(d)所示的 3 台仪器叠放，最上方的仪器打开了支架斜放也是不对的。

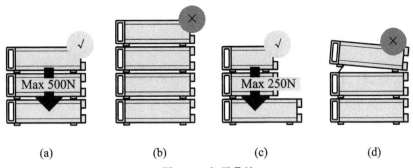

图 1.10　仪器叠放

多数仪器采用风冷散热，通常为侧排风，注意不可遮挡进风和排风口，避免出现散热故障。仪器之间不要并排紧靠摆放，否则仪器排出的热风进入相邻仪器的进风口，会影响散热，进而影响测量的准确性，甚至引发仪器故障。如果将仪器装入机柜，则必须支持侧排风，机柜的两侧有排风通道。

1.3.2　常见提示与符号

常见的提示如下：

· Danger："危险"，表示当前的输入/输出信号或者操作可能对设备或人身安全造成伤害，通常应避免出现此类情况。

· Warning："警告"，表示当前的输入/输出信号或者操作对设备或人身安全存在较大风险，通常出现此类情况时应谨慎处理。

· Caution："提示"，表示当前的输入/输出信号或者操作有可能出现安全风险，应尽量避免此类情况。

常见的符号如下：

· ⚠：高电压(该电压超出人体的安全承受范围)警告标识，提示操作者特别注意。

· ⚠：警告标识，提示操作者特别注意。

· ⚠：搬运重型设备警告标识，提示操作者特别注意。

· ⚠：表面热警告标识，提示操作者特别注意。

· ⚠：处理静电敏感器件警告标识，提示操作者特别注意。

· ⚠：辐射警告标识，提示操作者特别注意。

· ⊠：电池和蓄电池警告标识，提示操作者特别注意。

· ⏚：保护性接地端符号，表示该端子通常与仪器供电地线相连。

· ⏚：壳体接地端符号，表示该端子通常与仪器壳体金属部分相连。

· ⏚：测量接地端符号，表示该端子通常与信号输入/输出端子的负端相连。

1.4　常见接口及其特性

各种仪器上常见的信号接口多种多样，例如 USB、RJ45、GPIB、RS-232、VGA、HDMI、3.55 mm 耳机等，本小节仅介绍同轴射频连接器接口，其他接口请读者参考相关文献，各型射频连接器的结构尺寸请参考附录 A。

1.4.1 BNC/TNC 型连接器

BNC 型连接器，全称为 Bayonet Neill-Concelman 连接器(尼尔-康塞曼为 BNC 型连接器的两位发明者的名字)，它是在测量仪器中最广泛使用的射频端子同轴连接器，其外观如图 1.11 所示。

图 1.11　BNC 型连接器

BNC 型连接器及其电缆是同轴屏蔽连接器和电缆，采用卡口连接，具有传输距离远、信号稳定、不易受干扰、拆装便捷等优点。

BNC 型连接器的阻抗有 50 Ω 和 75 Ω 两种规范：阻抗为 50 Ω 的 BNC 型连接器通常用于数据和射频信号的传输，阻抗为 75 Ω 的 BNC 型连接器则常用于视频信号的传输。不同规范的连接器物理上互相兼容，但信号存在反射。一般情况下，BNC 型连接器使用的信号频率范围不超过 4 GHz。

TNC 型连接器是 BNC 型连接器的变种，尺寸与 BNC 型连接器相同，不同的是 TNC 型连接器采用的是螺纹连接，使用频率为 DC 11 GHz。

1.4.2 N 型连接器

N 型连接器俗称 N 头，全称为 Nut connector(螺母连接器)，或 Navy connector(最早应用于美国海军)，是一种在测量仪器中广泛使用的射频端子同轴连接器，其外观如图 1.12 所示。

图 1.12　N 型连接器

N 型连接器出现于 1940 年前后，主要用于频率在 4 GHz 以下的军用系统，1960 年进行了改进，工作频率提高到 12 GHz，后又提高到 18 GHz。N 型连接器常用阻抗为 50 Ω，有些阻抗为 75 Ω 的产品也采用 N 型设计，其内导体直径较小,和 50 Ω 的连接头不相容。

N 型连接器是同轴屏蔽连接器，是一种螺纹连接的中功率连接器，具有可靠性高、抗振性强、机械和电气性能优良等优点，广泛用于振动和环境恶劣条件下的无线电设备和仪器，以及无线电信号收发系统。

1.4.3　SMA/SMB/SMC 型连接器

1. SMA 型连接器

SMA 型连接器全称为 Subminiature version A(超小 A 型)，发明于 20 世纪 60 年代，通常用于电子线路板之间连接射频信号，大部分的射频元器件模块均采用 SMA 型连接器，外观如图 1.13 所示。

图 1.13　SMA 型连接器

SMA 型连接器是一类广泛应用的微小型螺纹同轴连接器，具有频带宽、性能好、可靠性高、寿命长等优点。SMA 型连接器的阻抗有 50 Ω 和 75 Ω 两种，频率范围通常为 DC 18 GHz，一般耐压 500 V(rms)。

SMA 型连接器采用螺纹式接口方式，外部形状为六边形，使用专用扳手紧固，扭矩通常为 0.9 N·m，以保证良好的密封性。

2. SMB 型连接器

SMB 型连接器全称为 Subminiature version B(超小 B 型)，其大部分特性与 SMA 型连接器类似，区别如下：

(1) 其尺寸小于 SMA 连接器。

(2) 采用推入锁定式接口方式。

(3) 其频率范围为 DC 4 GHz。

3. SMC 型连接器

SMC 型连接器全称为 Subminiature version C(超小 C 型)，其物理尺寸与 SMB 型连接器相同，接口方式与 SMA 型连接器相同。

1.4.4　3.5 mm、2.92 mm 和 2.4 mm 连接器

3.5 mm 连接器即外导体内径为 3.5 mm 的同轴连接器。其阻抗有 50 Ω 和 75 Ω 两种，频率可高达 33 GHz，是最早用于毫米波波段的射频同轴连接器。3.5 mm 连接器与 SMA 型连接器在外观上非常相似，区别主要有两点：一是 3.5 mm 连接器采用空气介质，而 SMA 型连接器通常采用聚四氟乙烯介质；二是 3.5 mm 连接器的外导体更厚，其机械强度优于

SMA 型连接器，耐久性、可重复性均高于 SMA 连接器。

2.92 mm 连接器即外导体内径为 2.92 mm 的同轴连接器，又称为 K 型连接器、SMK 型连接器等。2.92 mm 连接器的阻抗同样有 50 Ω 和 75 Ω 两种，频率高达 46 GHz，一般耐压 750 V(rms)。2.92 mm 连接器物理结构上兼容 3.5 mm 连接器。

相比于 2.92 mm 连接器，2.4 mm 连接器只是外导体内径更小，支持的频率更高，可达 50 GHz。

实际上还有一种 1.85 mm 连接器，但在仪器界面上极少使用。各种尺寸的连接器外观如图 1.14 所示。

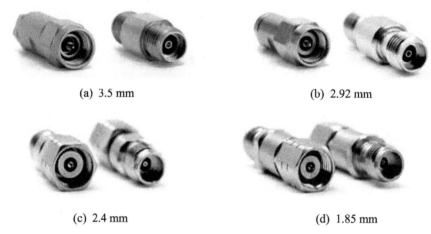

(a) 3.5 mm   (b) 2.92 mm

(c) 2.4 mm   (d) 1.85 mm

图 1.14　各种尺寸的连接器

1.4.5　转接头

所谓转接头，即用于不同电气规范之间转换的连接器。在大多数仪器的信号输入/输出端，一般很少直接采用 SMA/SMB/SMC 型连接器，主要是因其机械强度、最大功率、紧固方式等在实际使用中仍存在一些不足或不便之处。但是在连接器之外的信号传输电缆，仍以采用 N/SMA/3.5 mm 型的连接器为主，因此在测量过程中往往还需要使用各种连接器转换头，外观如图 1.15 所示。

图 1.15　各种连接器转换头

1.5　常见探头与表笔

1. 针形表笔

针形表笔通常应用在万用表中，其外观如图 1.16 所示，其顶部为针状，需要用手持握，并使探针尖部与被测信号电缆接触。

图 1.16　针形表笔

针形表笔按颜色区分，一般红色为正端，黑色为负端。

2. 鳄鱼夹形表笔

鳄鱼夹形表笔外观如图 1.17 所示，因其夹具呈三角形，咬合处为锯齿状，形似鳄鱼嘴而得名。该表笔通常应用在万用表、信号发生器、示波器等仪器中。使用过程中，用鳄鱼夹压住测试部位，无需手持，因此在高压、大电流、机电混合系统等测试场合，具有较高的安全性。

图 1.17　鳄鱼夹形表笔

需要注意的是，鳄鱼夹形表笔由于接触面较大，在测量时应保证夹持可靠，避免松脱滑落造成误触，必要时可采用绝缘胶带缠裹。与针形表笔类似，鳄鱼夹形表笔也按颜色区分，一般红色为正端，黑色为负端。

3. 示波器探头

示波器探头种类较多，主要包括以下 4 种。

1) 无源型探头

无源型探头通常为示波器的标配探头，其负端为鳄鱼夹，正端为探针和探钩套装。图

1.18 所示为 P6100 型无源型示波器探头外观。示波器探头在头部后方通常有一拨动开关，表示信号接入示波器之前的分压系数，"×1" 表示不分压，"×10" 表示分压系数为 10，即通过的信号幅值为原信号的 1/10。示波器无法显示该开关位置，需人工将其换算至测量结果中。无源探头的性能指标一般标识在探头根部，通常标示示波器的带宽、耐压值和 CAT 分类，其中耐压值分 "×10" 和 "×1" 两挡，前者高于后者。

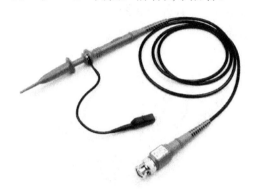

图 1.18   无源型示波器探头(P6100)

2) 有源型探头

一般高带宽示波器配备有源型探头，其输入阻抗较高，带宽较大。但缺点是成本高、尺寸大并需要电源供电。

3) 差分型探头

前面所述的无源型探头和有源型探头，其负端一般与供电的大地端是连通的，这在测量差分信号时无法满足要求。差分型探头具有较低的负载效应、较高的信号保真度、较大的动态范围和极微小的温度漂移。图 1.19 所示为麦科信 DP10007 型差分型示波器探头的外观。差分型探头又分为有源差分探头和高压差分探头。

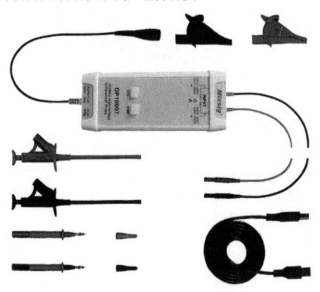

图 1.19   差分型示波器探头(麦科信 DP10007)

4) 电流型探头

示波器不仅能用来测量电压，同时也能用来测量电流。对于电流的测量，需要使用专门的电流型探头，图 1.20 所示为普源 PCA1150 型电流型示波器探头的外观。常用的电流型探头利用霍尔效应，通过测量电路周围磁场的变化来测量电流信号的参数。在选择电流探头时，应注意电流的类型、大小、频率，以及钳口的形状和大小等。

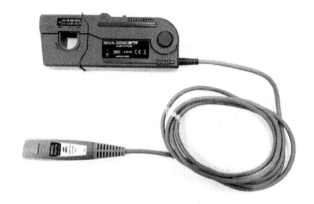

图 1.20   电流型示波器探头(普源 PCA1150)

第2章 万 用 表

本章主要介绍万用表的功能、主要性能指标和分类，万用表的使用操作、使用中的注意事项以及测量实例。

2.1 万用表概述

2.1.1 万用表的功能与主要性能指标

万用表是用来测量电压、电流、电阻甚至是频率、温度等参数的多功能仪表，是电子测量中最常使用的仪表。

部分万用表可以用于测量电容、电感、二极管、三极管、场效应管，因其功能的多样性，所以常被笼统称为万用表。熟练使用万用表是电子测量的最基本技能之一。

万用表的主要性能指标如下：

1. 量程

量程即测量范围，分别包括直流电压量程、交流电压量程、直流电流量程、交流电流量程、电阻量程、电容量程、电感量程等，量程越大，万用表的适用性就越强。万用表的量程通常直接标识在表盘各挡位上，例如交流电压挡 20 V 即表示该挡位的电压测量范围为 20 V，而电压 200 V 挡位则表示该挡位的电压测量范围为 200 V。

2. 显示位数

对于数字万用表而言，显示位数是指万用表显示结果的数值范围。一般手持式数字万用表的显示位数为 $3\frac{1}{2}$ 位(3 位半)或 $4\frac{1}{2}$ 位(4 位半)，台式数字万用表的显示位数一般为 $6\frac{1}{2}$ 以上。以显示位数为 $3\frac{1}{2}$ 的万用表为例，其显示数值为 0000～1999，即最高位只能为 0 或 1(半位)，其他数值位可以为 0～9(1 位)，因此称为 3 位半的万用表。同理显示位数为 $4\frac{1}{2}$ 的万用表显示数值范围为 00 000～19 999，显示位数为 $4\frac{2}{3}$ 的万用表显示数值范围为 00 000～29 999，显示位数为 $4\frac{3}{4}$ 的万用表显示数值范围为 00 000～39 999。

3. 准确度

准确度表征了万用表在测量被测量的误差大小，是测量结果中系统误差与随机误差的综合。仪器的测量精度越高，测量的误差就越小，通常采用以下 3 种方法表示准确度：

$$准确度 = (a\% \times 示值 + b\% \times 量程) \tag{2.1}$$

$$准确度 = (a\% \times 示值 + n \text{ 个字}) \tag{2.2}$$

$$准确度 = (a\% \times 示值 + b\% \times 量程 + n \text{ 个字}) \tag{2.3}$$

式中：$a\%$为示值的相对误差，通常代表万用表内 A/D 转换器和功能转换器(例如分压器、分流器、有效值转换器等)引入的综合误差；$b\%$为量程内的固定误差，通常是由于万用表数字化处理而带来的误差；n 是量化误差反映在末位数字上的变化量。

例如：某 3 位半数字万用表在 20 V 挡位时的测量精度是 $\pm(0.5\% + 3)$，对应公式(2.2)，表示在该挡位下，若测量结果为 10V，则测量误差为

$$\pm\left(0.5\% \times 10 + \frac{3}{1999} \times 20\right) \approx 0.08 \text{ V}$$

对于交流电压的测量，准确度还与交流信号的频率和波峰等因素有关。

4. 分辨率

分辨率是指在最低电压量程上末位数字所对应的电压值，它反映出仪表灵敏度的高低，也称为分辨力。不同位数的数字万用表所能达到的最高分辨率指标不同，例如：$3\frac{1}{2}$ 位的万用表分辨率为 $1/1999 \approx 0.05\%$。

需要指出的是，分辨率与准确度是两个不同的概念。前者表征仪表的"灵敏性"，即对微小信号的"识别"能力；后者反映的是测量的"准确性"，即测量结果与真值的一致程度。二者无必然的联系，因此不能混淆。

5. 测量速率

测量速率是指万用表每秒对被测量的测量次数，其单位是"次/秒"。它主要取决于万用表内部 A/D 转换器的转换速率。有的手持式数字万用表用测量周期来表示测量的快慢。完成一次测量过程所需要的时间称为测量周期，也称为响应速度。测量速率与准确度指标往往存在矛盾，通常是准确度越高，测量速率就越低，二者难以兼顾。

6. 输入阻抗

为尽可能地降低阻抗效应，测量电压时仪表应具有很高的输入阻抗，这样在测量过程中从被测电路吸取的电流极少，不会影响被测电路或信号源的工作状态，能够减少测量误差。例如：手持式数字万用表的直流电压挡输入阻抗一般为 10 MΩ；交流电压挡受输入电容的影响，其输入阻抗一般等于或低于直流电压挡的输入阻抗。

测量电流时，仪表则应该具有尽可能小的输入阻抗，这样接入被测电路后，可尽量减小仪表对被测电路的影响。与测量电压不同的是，测量电流时仪表各电流挡的输入阻抗一般是不同的，所以较容易烧坏仪表，在使用时需特别注意量程的正确使用。

7. 接口特性

对于台式万用表，一般配备 GPIB、USB、LAN 等访问接口，方便构成程控仪器，也

可以将测量数据保存和导出。

8. 过载保护

过载保护是万用表非常重要的技术指标，也是容易被忽略的技术指标。万用表的过压保护电压一般大于 1000 V DC/AC(rms)，过流保护电流则一般大于 200 mA 或 20 A。当被测信号超出当前挡位的测量范围时，万用表一般显示"OL"，表示"Over load"(过载)，此时应尽快断开万用表与被测信号的连接。若被测信号数值进一步增加，当超过过载保护值时，则有可能造成仪表的损坏。

2.1.2　万用表的分类

按照表头的显示方式，万用表可以分为指针式与数字式两类。前者显示数值连续，但读数误差较大；后者采用数字显示，读数误差小。目前市面上的万用表一般均为数字式万用表，指针式万用表较罕见。

按照持用方式，万用表可分为手持式和台式两类。前者均内置电池，方便随身携带；后者一般需要 220 V AC 供电，但测量准确度和分辨率等特性更高，访问控制接口也更丰富。

数字万用表按照显示位数，可分为 $3\frac{1}{2}$ 位、$4\frac{1}{4}$ 位、$6\frac{1}{2}$ 位等，显示位数越大，分辨率就越高。

2.2　万用表的使用操作

2.2.1　表头显示

以某型 $3\frac{1}{2}$ 位数字式万用表为例，表头显示如图 2.1 所示。

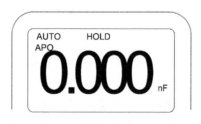

图 2.1　万用表的表头显示

图 2.1 中：

(1) 中间显示数值，包括小数点和正负号。

(2) 上方显示状态，其中"AUTO"表示自动量程，"APO"(Auto Power Off)表示超时无操作，自动关机，"HOLD"表示保持。

(3) 右下角显示量级和单位，如 m、μ、n 以及 V、A、Ω、F 等。

2.2.2 表盘挡位

以某型数字式万用表为例，表盘挡位如图 2.2 所示。

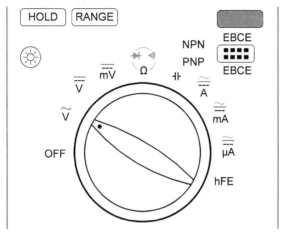

图 2.2 万用表的表盘挡位

图 2.2 中：

(1) 中间为拨盘，当拨盘指向不同的位置时，表示测量该位置标识对应的参数。

(2) V、A 和 Ω 表示测量的参数类型分别为电压、电流和电阻。

(3) "✈" 表示二极管测量，"♨" 表示通断测量，"Ⅱ" 表示电容测量，"hFE" 表示三极管放大倍数测量。

(4) m 和 μ 分别表示量级(毫和微)。

(5) 参数上方的 "～" 表示交流，"—" 表示直流，"---" 表示脉冲，三者同时出现时，表示可以同时测量交流、直流和脉冲。

(6) "HOLD" 按钮的功能是保持显示。

(7) "RANGE" 按钮的功能是手动切换量程，默认是自动的。

(8) 没有显示文字的按钮是功能切换键，一般采用特别的颜色，如橙色，与表盘上文字或符号的颜色对应。例如表盘挡位在 "Ω / ✈ / ♨" 时，表示按下按钮时功能循环切换。

(9) "☼" 按钮为背光开关。

(10) "NPN" "PNP" 以及 "EBCE" 表示测量三极管放大倍数时的两种类型及其引脚排列顺序。

(11) "OFF" 表示关机。当万用表使用完毕后，应将挡位置于该位置，以节省电量，延长电池使用寿命。大多数万用表在待机若干时间后，也会自动关机。

2.2.3 表笔插孔

万用表的表笔通常为针形表笔，且分为红、黑两色，习惯上红色表笔连接被测信号的正极，黑色表笔连接被测信号的负极，见 1.5 节所述。

对于万用表的表头，特别需要说明万用表的表笔插孔。对于大多数手持式万用表，表笔插孔一般为 4 个，布局在表头下方，如图 2.3 所示。

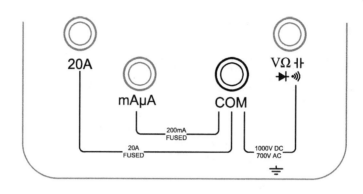

图 2.3　万用表的表笔插孔

图 2.3 中：

(1) 红色插孔包括 "20 A" "mA μA" "VΩ ⊣⊢ ⇥ ⬦))"，红色表笔在分别测量 20 A 以内的电流、毫安和微安级别的电流、电压和电阻等参数时，应插入这三个插孔中对应的插孔。

(2) 黑色插孔仅有一个 "COM"，即不论时测量何种参数，黑色表笔均插在该位置。

(3) 红色插孔和黑色插孔之间有连线标识，表示这两处是一种红、黑表笔的插入组合，同时在连线标识上标有过载参数，如图 2.3 中 "200 mA FUSED" 表示最大测量电流不能超过 200 mA，否则内部的保险可能被熔断，"1000 V DC/700 V AC" 表示最大测量电压不能超过 1000 V 直流或 700 V 交流。

例如：测量电压、电阻、电容、二极管、通断时，红、黑表笔分别插入 "VΩ ⊣⊢ ⇥ ⬦))" 插孔和 "COM" 插孔；测量 200 mA 以下的电流时，红、黑表笔分别插入 "mA μA" 插孔和 "COM" 插孔；测量 20 A 以下的电流时，红、黑表笔分别插入 "20 A" 插孔和 "COM" 插孔。

2.3　测　量　实　例

2.3.1　电压的测量

电压的测量步骤如下：

(1) 根据电压大小，将表笔插入对应的插孔。如图 2.3 所示，将红、黑表笔分别插入 "VΩ ⊣⊢ ⇥ ⬦))" 插孔和 "COM" 插孔。

(2) 根据电压类型和大小，调整表盘挡位。如图 2.2 所示，测量交流电压时，将拨盘置于 "$\widetilde{V}$" 处；测量伏特级别的直流电压时，将拨盘置于 "$\overline{\overline{V}}$" 处；测量毫伏级别的直流电压时，将拨盘置于 "$\overline{\overline{mV}}$" 处。需要注意的是，当不可预知被测电压的范围时，应从大到小调整挡位，一方面避免损坏万用表，另一方面，挡位越小，则测量结果的准确度就越高。

(3) 将红、黑表笔以并联连接的方式接入被测电压的正、负极。这里要注意几点：必须保持接触点接触可靠，不能松动；不能用手触碰表笔金属部分；当被测点在空间上较近时，特别要防止红、黑表笔金属部分接触造成短路。

(4) 等待显示数值稳定后，读取测量结果。一般显示结果因被测参数的变化或测量误差的存在，会产生显示数值抖动的情况，此时可以按下"HOLD"按钮，锁定当前的显示再进行记录。

2.3.2 电流的测量

电流的测量步骤如下：

(1) 根据电流大小，将表笔插入对应的插孔。如图 2.3 所示，将红、黑表笔分别插入"20 A"或"mA μA"插孔和"COM"插孔。这里需要特别注意，若电流大于 200 mA，则应插入"20A"插孔，否则可能造成万用表内部保险丝的熔断，当电流大于 20 A 时，应更换量程更大的万用表。

(2) 根据电流类型和大小，调整表盘挡位。如图 2.2 所示，测量安培级别的电流时，将拨盘置于"$\frac{\cong}{A}$"处，测量毫安级别的电流时，将拨盘置于"$\frac{\cong}{mA}$"处，测量微安级别的电流时，将拨盘置于"$\frac{\cong}{\mu A}$"处。同样需要注意的是，当不可预知被测电流的范围时，应从大到小调整挡位，一方面避免损坏万用表，另一方面，挡位越小，则测量结果的准确度就越高。

(3) 将红、黑表笔以串联连接的方式接入被测电流的正负极。这里要注意几点：必须保持接触点接触可靠，不能松动；不能用手触碰表笔金属部分；若被测电流较大，则应先串入万用表再给被测单元供电，否则在万用表表笔接触被测点的瞬间可能出现电弧放电现象，这有可能损坏万用表。

(4) 等待显示数值稳定后，读取测量结果。此时可以按下"HOLD"按钮，锁定测量结果。

2.3.3 阻抗的测量

大部分型号的万用表对于阻抗的测量包括 4 种：电阻、电容、二极管和通断，个别型号的万用表还能够测量电感。下面介绍电阻、电容和通断的测量。

1. 电阻的测量

电阻的测量步骤如下：

(1) 将表笔插入对应的插孔。如图 2.3 所示，将红、黑表笔分别插入"VΩ ⊣⊢ ➤ ⬦))"插孔和"COM"插孔。

(2) 调整表盘挡位。如图 2.2 所示，将拨盘置于"Ω"处。

(3) 将红、黑表笔分别接触电阻的两个引脚，注意必须保持接触点接触可靠，不能松动，同时不能用手触碰表笔金属部分。

(4) 等待显示数值稳定后，读取测量结果。此时可以按下"HOLD"按钮，锁定测量结果。

2. 电容的测量

电容的测量步骤如下：

(1) 将表笔插入对应的插孔。如图 2.3 所示，将红、黑表笔分别插入"VΩ ⊣⊢ ➤ ⬦))"插孔和"COM"插孔。

(2) 调整表盘挡位。如图 2.2 所示，将拨盘置于 "⊣⊢" 处。

(3) 将红、黑表笔分别接触电容的两个引脚，注意必须保持接触点接触可靠，不能松动，同时不能用手触碰表笔金属部分。

(4) 等待显示数值稳定后，读取测量结果。此时可以按下 "HOLD" 按钮锁定测量结果。

3. 通断的测量

测量通断是最经常使用的万用表功能之一，在检查线路通断特性时非常实用。例如测量一导线或线路板上的引线通断，测量步骤如下：

(1) 将表笔插入对应的插孔。如图 2.3 所示，将红、黑表笔分别插入 "VΩ ⊣⊢ ➤⊢ ⑴)" 插孔和 "COM" 插孔。

(2) 调整表盘挡位。如图 2.2 所示，将拨盘置于 "⑴)" 处，这里需要注意的是，一般默认此挡位为测量电阻 "Ω" 功能，此时可以通过功能切换键(一般无文字标识，且采用特定颜色)进行切换。

(3) 将红、黑表笔分别接触导线的两端，注意必须保持接触点接触可靠，不能松动，同时不能用手触碰表笔金属部分。

(4) 若此时万用表蜂鸣器鸣响，则表示导线是导通的，否则导线是断开的。

这里需要说明的是，对于导通/断开的区分，一般万用表的测量阻抗阈值为(50 ± 20) Ω，即阻值小于 30~70 Ω 时，蜂鸣器就可能鸣响，因此对于阻值为 20 Ω 的导线或电阻进行测量时，蜂鸣器也有可能鸣响。

2.3.4 二极管的测量

二极管的测量步骤如下：

(1) 将表笔插入对应的插孔。如图 2.3 所示，将红、黑表笔分别插入 "VΩ ⊣⊢ ➤⊢ ⑴)" 插孔和 "COM" 插孔。

(2) 调整表盘挡位。如图 2.2 所示，将拨盘置于 "➤⊢" 处，这里需要注意的是，一般默认此挡位为测量电阻 "Ω" 功能，此时可以通过功能切换键(一般无文字标识，且采用特定颜色)进行功能切换。

(3) 将红、黑表笔分别接触二极管的正、负引脚，注意必须保持接触点接触可靠，不能松动，同时不能用手触碰表笔金属部分。

(4) 等待显示数值稳定后，读取二极管正向导通压降值。二极管一般由硅或锗两种材料制成，硅材料二极管的正向导通压降一般为 0.5~1.2 V，锗材料二极管的正向导通压降一般为 0.2~0.4 V。

(5) 将红、黑表笔分别接触二极管的负、正引脚，注意事项同 2.3.1 小节中的(3)。

(6) 等待显示数值稳定后，读取二极管反向导通压降值，一般显示为 "OL" (过载，即无法测量)。

需要说明的是，如果测得导通电压为 0 V，则说明二极管内部击穿，已经损坏。

2.3.5 三极管的测量

三极管的测量分为以下两个步骤：

(1) 确定三极管的类型和线序。

根据三极管的类型及其特性，NPN 型三极管的 B(基极)→C(集电极)、B→E(发射极)是导通的，而 PNP 型三极管的 C→B、E→B 是导通的。因此可以用"⊣⊢"(二极管)挡位进行测量，其导通压降特性与二极管类似。NPN 型三极管的测量如图 2.4 所示，PNP 型三极管的测量如图 2.5 所示。

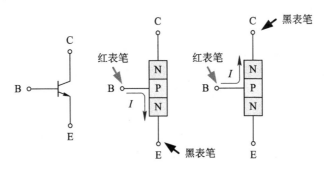

图 2.4　NPN 型三极管的测量

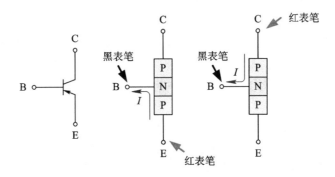

图 2.5　PNP 型三极管的测量

以万用表的红表笔接触三极管的一个引脚，而用黑表笔接触三极管其他两个引脚，如果都有导通压降显示，则此三极管为 NPN 型三极管，且红表笔所接触三极管的引脚为三极管的基极 B，黑表笔接触另外两个引脚时，导通压降稍高者为发射极 E，偏低者为集电极 C。

以万用表的黑表笔接触三极管的一个引脚，而用红表笔接触三极管其他两个引脚，如果都有导通压降显示，则此三极管为 PNP 型三极管，且黑表笔所接触三极管的引脚为三极管的基极 B，红表笔接触另外两个引脚时，导通压降稍高者为发射极 E，偏低者为集电极 C。

(2) 确定三极管的放大系数。

若万用表有"hFE"挡，则可用该万用表测量三极管的放大系数。确定三极管的类型和线序后，如图 2.2 所示，按照挡类型(NPN/PNP)和线序将三极管插入图中对应的三极管插孔"EBCE"，将拨盘拨至"hFE"挡，此时测得的数值即为三极管的放大系数 β。

大部分的三极管引脚顺序按"EBC"或"BCE"排列，因此万用表的三极管插孔通常为"EBCE"排列，以适应这两类线序。若所测量的三极管引脚线序与以上不一致，或者引脚过粗无法插入，则需自行连接引线。

2.4 使用中的注意事项

万用表是最常用的电子测量仪表,也是最容易因疏忽和过度自信引发事故的仪表之一,在使用过程中,特别需要注意以下事项:

(1) 万用表在使用过程中,不能用手去触碰表笔的金属部分,这一方面是保证测量结果准确度的要求,另一方面也是对测试人员人身安全的考虑。

(2) 对被测对象应明确信号的类型和大小,使用正确的挡位和表笔插孔。当信号大小未知时,应先将挡位量程置于最大值,而后由大至小依次切换,在确保万用表使用安全的前提下逐步提高测量结果的准确度。

(3) 在测量过程中,对于有源信号(如电压、电流)的测量,一般不允许换挡,尤其是在测量大电压或人电流时,否则极有可能损坏万用表。正确的做法是:断开信号连接→万用表换挡→重新接入信号。这里断开信号连接可以是断开表笔连接,也可以是被测对象断电。

(4) 对于大电流的测量,应先将万用表接入,再接通电流,否则可能出现电弧放电现象,造成万用表或被测设备损坏。

(5) 在测量电阻、二极管、三极管时,由于万用表输出为电压,因此必须切断被测电路的电源,不得带电测量,否则可能造成短路,损坏万用表或被测对象。

(6) 严禁使用电流挡测量电压参数,因为电流挡内部是小值采样电阻串行连接,若使用电流挡测量电压,将造成瞬时大电流冲击,极有可能损坏万用表和被测设备。

(7) 对于机械式万用表,在使用之前应进行"调零",以保证测量结果的准确度。

(8) 对于手持式万用表,一般使用电池供电,因此使用完毕后应将挡位置于"OFF"位置以节省电能。当万用表提示电池电量不足或显示数字不清楚时,应考虑更换电池。长期不使用万用表还应将电池取出,以免电池泄露腐蚀万用表。

第 3 章 示 波 器

本章主要介绍示波器的功能、主要性能指标、示波器的使用操作以及测量实例。

3.1 示波器概述

3.1.1 示波器的功能

简单来说，示波器就是显示电压信号随时间变化的仪器。一般示波器不仅可以显示电压波形，还能针对波形进行幅度、频率、周期、相位等参数的测量。这种针对随时间变化的信号进行的测量方式，称为时域测量方式。实际上，示波器不仅能测电压，还能显示电流、温度、压力、振动等其他物理量。这些非电压物理量一般都是通过各类不同的传感器或者能量转换单元，先转换成电压供示波器采集，然后通过单位换算使示波器显示出特定物理量单位，进而实现针对其他信号的显示分析。

实际测量中，一般典型测量又分为以下三个层次：

(1) 首先判定信号存在与否。在很多测量环境下，用户需要用示波器先对信号进行初次确认，看示波器是否显示出信号波形，以判定被测件是否设置正确，能否真正运行并发出被测信号。

(2) 如果示波器显示信号波形，则对信号的特性进行确认，也就是判定信号波形形状是否与预期的一致。例如，如果设置被测件发出正弦波，而此刻示波器显示方波，那么说明示波器的显示有问题，要么是被测件故障，要么是仪器的问题。

(3) 对示波器显示的信号波形特性确认无误后，还需要对信号的内容进行确认，如利用示波器的测量功能分析数字信号发出的数据是否正确，或者针对模拟信号的频率、幅度、上升/下降时间等参数进行测量，判定其与规格是否相一致。

由傅里叶变换可知，任何时域上的信号都可以分解成多个不同频率的正弦波的叠加，每个正弦波分别对应不同的频率和不同的幅度或功率，如果将这些正弦波以横轴为频率，纵轴为功率来显示，就构成了频域测量视图。时域测量与频域测量是相互关联的，很多示波器同时具备了时域和频域的测量功能。

3.1.2 示波器的主要性能指标

示波器的关键指标是选择示波器的重要参考依据。只有了解示波器的主要性能指标，才能选择与特定测量应用相匹配的示波器，同时也可以增加示波器测量结果的置信度，进而提升测量效率。示波器的性能指标有很多，其中最主要的有 3 个指标：带宽、采样率和存储深度。除此之外，垂直分辨率、ADC(模/数转换器)位数、波形捕获率、直流增益精度、水平时基精度等也是重要的指标。

1. 带宽

带宽往往被视为示波器最重要的指标，因为它决定了示波器能够测量信号的频率范围，进而决定了示波器的信号分析能力。例如低带宽示波器只能测量低频信号，也只具备一些常规的测量功能。而更高带宽的示波器除了能够捕获并显示高频信号外，还具有针对高频信号进行诸如协议解码、频谱分析以及高速接口一致性分析等功能。示波器的带宽与示波器的价格也息息相关，带宽越高价格往往越贵，如今不同品牌示波器之间的技术竞争也往往体现在示波器最高实时带宽的竞争上。

示波器带宽的定义是正弦输入信号衰减 −3 dB 时对应的频率。这里有两点需要注意：一是正弦信号，它限定了输入信号的类型；二是 −3 dB 衰减，它定义了带宽对信号的衰减程度。−3 dB 是对数数值，如果转换成线性数值，约为 −29.3%。示波器的频率响应类似低通滤波器。当输入的正弦信号频率远小于示波器带宽时，示波器显示的信号幅度几乎没有任何衰减。随着信号频率越来越高，信号的衰减就会越来越大，直至正弦信号频率与示波器带宽相同时，信号衰减幅度约为 −3 dB。

一般而言，传统数字示波器的前面板上会标注具体的带宽信息。选择示波器带宽的通用经验法是，所谓的"五倍法则"，也就是所选示波器带宽需大于等于信号基频的五倍。值得注意的是，示波器带宽还会受到探头的直接影响，因为探头本身并非理想装置，所以探头本身会有一定的带宽，这一点需要考虑在内。探头的带宽应该大于示波器的带宽，按照经验一般是示波器带宽的 1.5 倍。例如对于 1 GHz 带宽的示波器来说，要求探头带宽为 1.5 GHz 左右，才能保证完整的测试性能。

基于"五倍法则"，可以针对各类信号进行所需带宽的粗略计算，例如针对典型串行 I/O 接口数据，如 I^2C 信号，数据速率可达 3.4 Mb/s。假设数据信号以最快的速率进行高低位切变，也就是数据位在逻辑 0 和逻辑 1 之间连续变化，则相邻两个比特位对应一个重复周期，对应的频率就是 1.7 MHz，它是数据速率的一半，称之为时钟频率。如果将时钟频率乘以 5，则等于 8.5 MHz，即示波器带宽需要大于等于 8.5 MHz，一般经济型示波器均可满足带宽的要求。再例如比较常见的 USB2.0 信号，它的数据速率是 480 Mb/s，对应的时钟频率为 240 MHz，五倍时钟频率为 1.2 GHz，所以在进行 USB2.0 信号的测试时，示波器厂商一般推荐使用大于 1.2 GHz 带宽的示波器，以 2 GHz 带宽为佳。当示波器需要借助于探头完成信号的引入时，也需要考虑探头带宽是否满足测量需求。

2. 采样率

示波器的第二个主要指标是采样率。数字示波器核心部件 ADC 的作用是在离散的时间点上对信号进行采集，并将这些点的电压值量化为 0 或 1 的数字值。示波器的采样率的定义就是示波器在 1 s 内能够采集到的样点数量，它的单位是 Sa/s，也就是采样点每秒。采样率的倒数是示波器的时间分辨率，它对应相邻两个采样点之间的时间间隔。示波器的最大采样率与 ADC 的工作频率有关，ADC 工作频率越高，示波器每秒能够采集的样点数就越多，采样率也就越高。需要注意的是，由于普遍使用多通道交织采样技术，示波器生产厂商指定某个型号示波器的最大采样率，通常仅在使用一个或者两个通道时才能实现，如果同时使用所有通道，采样率很有可能会下降。对于任何将模拟信号转换为数字信号的系统，采样率越高，样点之间的时间分辨率就越高，所显示的信号波形结果也就越好。

如图 3.1 所示，对于一个 1 Hz 的正弦波，当每个周期采集 64 个点时，绘制出的采样波形的轨迹比较精确；随着采样率逐渐降低，当一个周期采集 4 个点时，波形曲线已经产生偏离，但频率信息依然准确；若采样率进一步下降，当一个周期采集 2 个样点时，则波形的幅度和频率都会产生偏差。由此可知，只有当采样率足够高时，才能准确采集信号波形。

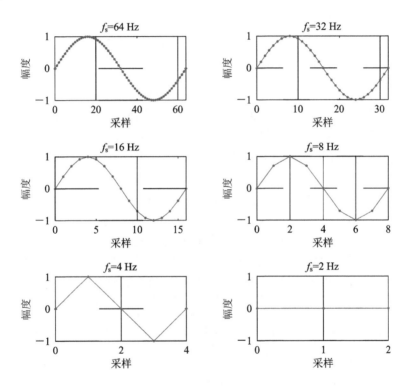

图 3.1　采样率与采集信号波形

由 Nyquist 采样定理可知，只有当采样率大于等于最高频率的 2 倍时，才能准确采样并恢复正确的信号。如果实际采样率小于 Nyquist 采样定理的要求值，则会出现信号欠采样，最终恢复的信号波形存在混叠现象，出现频率信息错乱。如图 3.2 所示，曲线轨迹为原始波形，如果以降低的采样率对该信号进行欠采样，虽然可以恢复出一个正弦波，但其频率与原始信号频率不符，这便是欠采样导致的混叠现象。

事实上，Nyquist 采样定理是在理想环境下得出的，它的一个重要前提是在无限长时间对信号进行采样，而不是去实现一个测量仪器。由于存储受限，仪器不可能在无限长时间采集信号波形，因此使用示波器的采样率一般是被测信号最高频率的 5 倍以上，这样才能保证对信号的完整采样。实际上，恢复信号波形所需的采样率跟样点插值方式也有一定的关系，常见的样点插值方式有 sin(x)/x、Linear、Sample&Hold 等。在测量高频正弦波时使用 sin(x)/x 的曲线拟合插值方式，2.5 倍的采样率是足够的。而如果使用 Linear 直线插值方式，则需要更高的采样率。

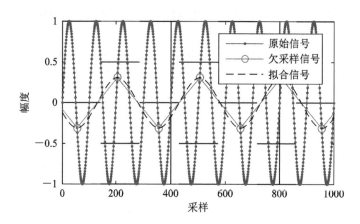

图 3.2　欠采样导致的混叠现象

示波器的采样一般分为三种不同模式：实时采样、插值采样和等效采样，如图 3.3 所示。实时采样就是示波器对待测信号进行一次采集即可恢复信号波形，无需后处理，一般示波器面板上标注的采样率即为最大实时采样率。插值采样是当实时采样率不足时，需要在采样点之间插入等时间间隔的虚拟样点，以此来提高采样率。这些虚拟插值样点并非真实的 ADC 采样点，而是通过算法产生的，这是插值采样与实时采样最本质的区别。等效采样模式一般在采样示波器上使用。这类示波器的 ADC 工作频率很低，为了恢复真实信号，一般需要针对信号的多个不同周期进行不同相位延迟的采样，然后对所有采样点进行叠加并显示信号波形。由于需要多个周期采样点才能叠加显示一个周期信号，因此这类示波器一般称为非实时示波器。由等效采样原理可知，它仅适用于周期信号的采集，使用环境受限。

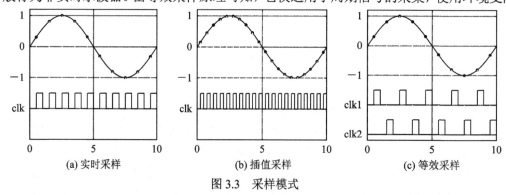

(a) 实时采样　　　　　　　(b) 插值采样　　　　　　　(c) 等效采样

图 3.3　采样模式

插值采样一般有三种插值方式：sin(x)/x 正弦内插、Linear 线性内插和 Sample&Hold 采样保持内插，如图 3.4 所示。正弦内插用曲线连接相邻的采样点，内插的采样点位于曲线上。由于正弦内插在大多数情况下可以精确还原波形曲线和不规则信号波形，因此该内插方式是很多示波器的默认插值方式。线性内插使用直线连接相邻两点，该插值方式适用于重建直边形的信号，比如标准的方波信号。采样保持内插方式下，每个采样间隔内的电压都是保持不变的，电压变化使用垂直线连接，使用该方式可以很方便地查看 ADC 的量化台阶，观察示波器垂直分辨率的变化。

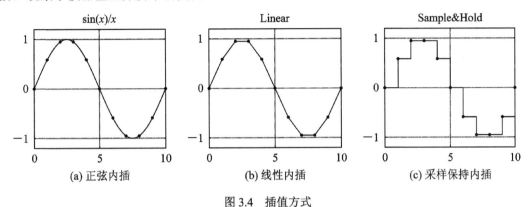

图 3.4 插值方式

与采样率息息相关的示波器的主要指标是垂直分辨率。简单来说，垂直分辨率是 ADC 将模拟电压转换为数字位的准确性的度量，它是指示波器可分辨的最小幅度变化量。比如一个 8 位的 ADC 将采样电压值量化为 8 bit，它可以将示波器显示的垂直量程范围量化成 2^8 即 256 个量化数值，而对于一个 10 位 ADC 而言，它可以将垂直量程范围量化为 2^{10}，共 1024 个量化数值，从而达到相当于 8 位 ADC 的 4 倍量化精度。由此可知，位数越高，量化精度越精确，示波器的分辨率也就越高。需要注意的是，示波器的垂直分辨率并非只由 ADC 的位数决定，当示波器在 ADC 量化之后，可以对数值进行后处理，以得到更高位数，同样可以实现高分辨率。

为了有效提升示波器的垂直分辨率，除了选择更高位数的 ADC 外，还可以在示波器设置上实现分辨率的提升。对于一个 ADC 位数一定(如 8 bit ADC)的示波器，当垂直刻度为 50 mV/div 时，它在垂直方向上的 10 格量程为 500 mV。500 mV 除以 256 可得 1.95 mV 的量化步进，对于一个 495 mV 电压来说，它刚好落在第 253(494.14 mV)和第 254(496.09 mV) 个量化电平之间，由于离第 253 个量化电平更近，最终它的量化值为 494.14 mV，量化误差为 0.86 mV。当垂直刻度为 100 mV/div 时，示波器在垂直方向上的 10 格量程为 1000 mV，1000 mV 除以 256 可得 3.91 mV 的量化步进。同样，对于一个 495 mV 的电压来说，它刚好落在第 126(492.19 mV)和第 127(496.09 mV)个量化电平之间，由于离第 127 个量化电平更近，最终它的量化值为 496.09 mV，量化误差为 1.09 mV。也就是说，最大 ADC 采样误差为 $\pm\frac{1}{2}$ LSB 乘以垂直量程。由以上的实例对比可知，设置的垂直刻度越小，量化步进越小，分辨率就越高，量化误差也就越小。因此，示波器的输入范围或者说示波器的垂直量程直接影响到分辨率。因为示波器处于较小垂直量程下分辨率更高，所以在进行信号测量时，将信号垂直放大到满刻度范围，而又不超出屏幕为最好，这样可以显著提升分辨率，进而达到更高的测量精度。

3. 存储深度

由数字示波器的原理可知，波形被 ADC 采样量化后即可得到数字信号，然后将数字信号按照先入先出的原则存储在示波器内部存储器中，这个内部存储器的容量大小便对应示波器的主要指标：存储深度(Memory Depth)。存储深度的单位并非传统单位——比特，而是跟采样率类似，使用 Sample 即采样点为单位。存储深度越大，意味着示波器能够存储的波形采样点越多，用户可以存储的信号波形信息量也就越大。一般而言，高性能示波器的存储深度相对较大。

与存储深度相对应的一个指标称为记录长度，它是指示波器屏幕上单个波形的采样点个数(Record Numbers)。由存储深度和记录长度的定义可知，示波器显示波形的最大记录长度就是示波器的存储深度。数字示波器的采样率等于每秒示波器的采样个数，因此采样率乘示波器水平轴所对应的采集时间就等于示波器屏幕上显示波形的记录长度，其中采集时间等于示波器的水平刻度或者水平时基乘以屏幕从左到右总共的格数。对于绝大多数示波器而言，水平为 10 格。例如当采样率为 10 GHz，水平时基为 100 ns/div 时，波形的记录长度为 10 k 的样点。由采样率乘以采集时间等于记录长度可知，当采样率不变，采集时间增加时，记录长度也随之增加。存储深度越大，示波器在相同采样率条件下可以捕获更长时间的信号波形，从而记录更多信号波形信息，这就是深存储带来的优势。

深存储的优点是示波器可以在长时间采集时保持较高的采样率，而高采样率具备高时间分辨率，可以更精确地再现信号波形，提高信号完整性，更大程度地抓取到各类信号异常。因此，更大的存储深度可以让示波器在精确还原信号波形的同时，捕获更长时间周期的信号波形，在对长时间信号波形进行细节缩放时，能够保证信号细节不丢失。也就是说，此类示波器具备更好的缩放能力。

4. 波形捕获率

在执行信号采集的时候，数字示波器会连续进行采样、存储、处理和显示数据，当显示完一批信号后，示波器会等待下一个触发事件，然后再次捕获下一个波形，完成采样、存储、处理和显示过程，如此循环往复。我们将一个循环周期称为示波器的捕获周期，捕获周期的倒数即为波形捕获率，它是指 1 s 内示波器捕获的波形数量。数字示波器在存储、处理和显示过程中，由于需要花费大量的时间，因此示波器本质上是无视被测信号特征的，即存在盲区。在最高采样率的情况下，盲区一般会较大，甚至大于整个采集时间的 99.5% 以上，采集信号的时间仅占整体时间的一小部分，从而会漏掉信号的很多细节。

示波器具体的捕获周期与多种因素有关，如采样率和记录长度，当采样率越高、记录长度越大时，波形样点数就越多，示波器存储、处理和显示这些样点所需的时间也就越长，捕获周期也就越大，此时波形捕获率会下降。在进行示波器测量时，人们往往希望示波器的可视区占比更高，盲区占比更小，而示波器的盲区一般可以分为两个部分：固定盲区和可变盲区。固定盲区是由示波器的显示性能和触发性能所决定的，如样点的显示、运算机制以及触发、恢复能力等。一般来说，固定盲区无法更改。可变盲区则取决于示波器的测量和分析任务，如样点的插值、激活的通道数量、运算和测量的数量等。可以通过减少测量分析任务来减小可变盲区。

示波器可分为模拟示波器和数字示波器。模拟示波器是用模拟电路(示波管，其基础是电子枪)向屏幕发射电子，发射的电子经聚焦形成电子束，并打到屏幕上，屏幕的内表面涂有荧光物质，这样电子束打中的点就会发出光来。数字示波器则是用数据采集、A/D 转换、软件编程等一系列的技术制造出来的高性能示波器。数字示波器的工作方式是通过模拟转换器(ADC)把被测电压转换为数字信息。数字示波器捕获波形的一系列样值，并对样值进行存储和计算,最后重构波形,显示测量结果。数字示波器可以分为数字存储示波器(DSO)、数字荧光示波器(DPO)和混合信号示波器(MSO)等。

3.2　示波器的使用操作

3.2.1　使用前的检查

在示波器开机之前,应检查设备外观、附件等,确保设备配套完整及外观良好。此外,在使用示波器测量信号之前,应进行必要的通道检查,判明主机和示波器探头的状态。

大多数示波器在前面板某处均设置有一标准输出信号,符号如"≈2 V⌐⌐⌐⌐",其含义是 2 V 周期方波信号,当用示波器探头测量此信号时,示波器将显示信号的正确波形和参数,如图 3.5 所示。若显示不正确,则可能是示波器主机或探头存在故障,也可能是示波器或探头的参数设置不当。

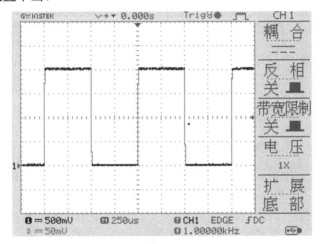

图 3.5　示波器的通电检查

当显示的波形及其参数不是标准信号的波形和参数时,应当检查以下内容:

(1) 示波器探头与主机是否配套,连接是否正确。

(2) 示波器探头状态是否良好。

(3) 示波器探头上的"×1 / ×10"开关是否在正确位置。

(4) 示波器的测量信号类型(电压/电流)是否正确。

(5) 示波器的倍乘系数(×0.1、×0.2 等)是否正确。

3.2.2　垂直通道的设置

垂直通道设置的相关术语如下:

(1) 带宽。带宽又称输入带宽,是指在示波器输入端加一正弦波信号,当测得信号幅值为实际输入的 70.7%(即 −3 dB)时,输入正弦信号的频点就是示波器的带宽,其单位为 Hz。

(2) 采样率。采样率又称采样速度,是指示波器每秒能够完成的采样次数,其单位为

Sa/s，表示每秒的采样点数。通常示波器的采样率越高，其带宽就越高，其时间分辨率也就越高。一般采样率为带宽的十几倍至几十倍。

(3) 通道个数。示波器的输入通道(Channel)数称为"踪"，双踪即指具备双通道信号测量功能，现代示波器通常为双踪示波器，某些高级示波器具有四踪或八踪输入。

(4) 垂直分辨率。该术语仅针对数字示波器而言，垂直分辨率是指其内部 ADC(模数转换器)的分辨率，即示波器可分辨的最小幅度变化量。

(5) 垂直挡位。垂直挡位是指示波器显示在垂直方向上每格(Division)所代表的幅值大小，例如 500 mV/div、2 V/div 等。图 3.6 和图 3.7 所示为同一信号在示波器不同垂直挡位时的显示结果。

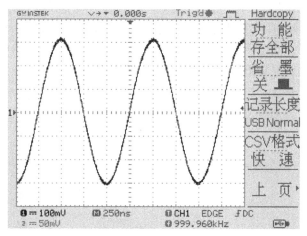

图 3.6　信号波形(垂直挡位 100 mV/div)

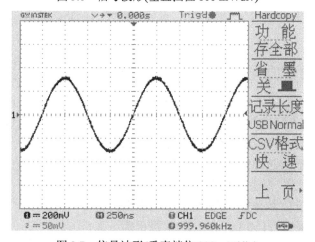

图 3.7　信号波形(垂直挡位 200 mV/div)

(6) 通道标记。在示波器显示区域左侧，有显示"1"和"2"的"▶"标记，该标记分别表示了 CH1 和 CH2 通道中 0 V 电平的位置，当通过垂直通道旋钮调整该标记的位置时，对应通道显示的信号波形也随之上下移动。

(7) 数学运算(Math)功能。现代示波器通常设置有数学运算功能，实现通道之间信号的基本运算，包括 CH1 + CH2、CH1 − CH2、CH1 × CH2、CHX FFT、CHX FFT rms 等，其中 FFT 是指快速傅里叶变换，即显示信号的频谱，X 为 1 或 2。图 3.8 至图 3.11 所示为四种不同运算的(CH1＋CH2、CH1－CH2、CH1×CH2 和 CH1 FFT)结果，图中 M 标记(显示区域左侧中部的三角符号)指示的波形为运算后的结果。

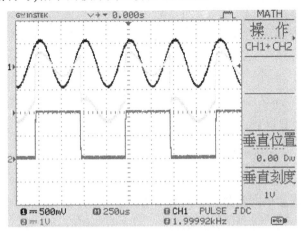

图 3.8　CH1+CH2 运算结果(波形)

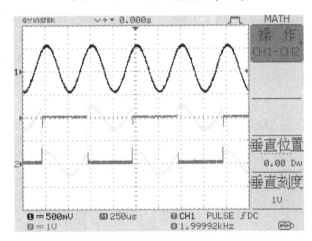

图 3.9　CH1－CH2 运算结果(波形)

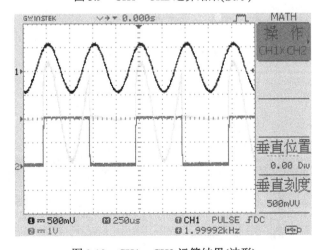

图 3.10　CH1×CH2 运算结果(波形)

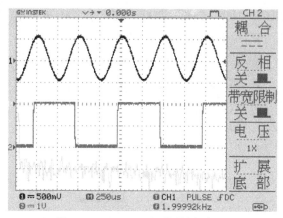

图 3.11　CH1 FFT 运算结果(波形)

(8) 耦合方式。示波器通常提供三种耦合方式，包括直流耦合、交流耦合、接地耦合。直流耦合表示完整显示输入信号的时域特征，不去除任何信号分量；交流耦合是将输入信号去除直流分量，再进行显示，这种模式适合于仅关心信号交流分量的场合，如测量直流电源的纹波特性；接地耦合则是将输入断开，将地接入输入通道，此时显示的迹线为地线所在的位置。图 3.12 至图 3.14 所示依次为一峰-峰值为 1 V、频率为 2 kHz、直流偏置为 1 V 的信号，分别采用直流耦合、交流耦合和接地耦合时的测量结果，请注意示波器右上角的耦合方式符号。

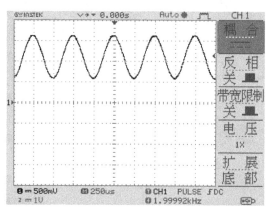

图 3.12　直流耦合方式波形

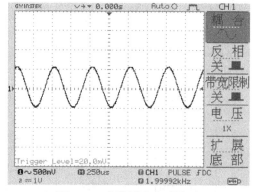

图 3.13　交流耦合方式波形

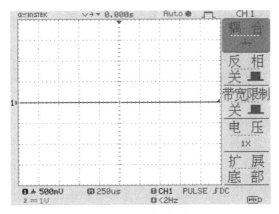

图 3.14　接地耦合方式波形

(9) 输入阻抗。大部分示波器的输入阻抗为 1 MΩ，为适应射频信号的测量，某些示波器还可设置 50 Ω 的输入阻抗。

(10) 倍乘系数。示波器在采样后对数据进行一些特定的倍乘运算，使得多个信号在相同的垂直挡位下能够更好地显示在同一个屏幕。倍乘系数可以分别针对电压测量或电流测量，系数可以从 0.1 到 2000 等。图 3.15 中，在同一垂直挡位下，通道 2 的信号幅值较小，不便于测量。图 3.16 中将通道 2 的电压倍乘系数调整为 5×，此时两通道信号的显示幅值大致相当。

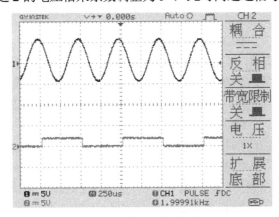

图 3.15　两通道信号幅值(倍乘系数(电压 1×))

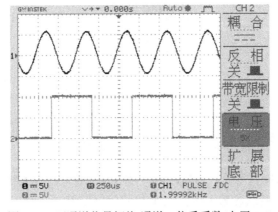

图 3.16　两通道信号幅值(通道 2 倍乘系数(电压 5×))

示波器的带宽并不是指示波器所能测量信号的最高频率。实际上频率超过示波器带宽的信号也能在示波器上显示,但是信号的幅值衰减将超过 −3 dB。在使用示波器时,往往采用所谓的"五倍法则",即输入信号频率不超过示波器带宽的 1/5 时,认为信号的幅值衰减可以不考虑,否则不能忽略。

当 ADC 精度为 12 位时,若垂直挡位为 500 mV/div,示波器垂直方向上为 8 格(div)时,则计算得示波器的垂直分辨率为

$$0.5 \times \frac{8}{2^{12}} \approx 0.98 \ (\text{mV})$$

也就是说此时对幅值变化小于 0.98 mV 的信号,示波器无法分辨。若将垂直挡位调整为 250 mV/div,则计算得示波器的垂直分辨率为

$$0.25 \times \frac{8}{2^{12}} \approx 0.49 \ (\text{mV})$$

说明此时示波器的测量结果更精确。因此,在进行波形测量时,应尽量减小垂直挡位,使波形占满整个屏幕,以提高垂直分辨率,使测量结果更准确。

3.2.3　水平通道的设置

水平通道设置的相关术语如下:

(1) 时基:即时间基准,在电子线路中主要用来表示时序电路中的基准时钟,在示波器中则指的是时间显示的基本单位,一般用水平方向上每格所代表的时间长度来描述,如 1 ms/div、25 μs/div 等。时基越小,显示的波形时间越短,显示的波形细节越精细,反之则越粗略。需要说明的是,一般示波器将"μs"显示为"us"。

(2) 水平分辨率:含义同时基。

(3) 水平挡位:含义同时基。这里注意其与"垂直分辨率 − 垂直挡位"含义的差异。图 3.17 和图 3.18 所示均为对一峰−峰值 = 1 V、频率 = 1 kHz 的正弦信号进行测量的结果。

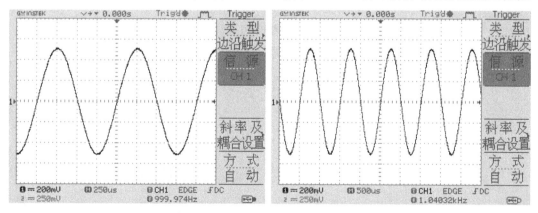

图 3.17　正弦信号测量结果(水平挡位 = 250 μs/div)　图 3.18　正弦信号测量结果(水平挡位 = 500 μs/div)

(4) X/Y 模式:一般示波器工作在 X/T 模式时,即垂直方向上显示电压或电流,水平

方向上显示时间,显示的波形为信号的时域特征。当选择 X/Y 模式时,水平方向上为 X 信号(一般为 CH1),而垂直方向上则为 Y 信号(一般为 CH2)。此时可以用示波器观察两个输入信号之间的频率相位关系(如李萨如图形(见图 3.19))。

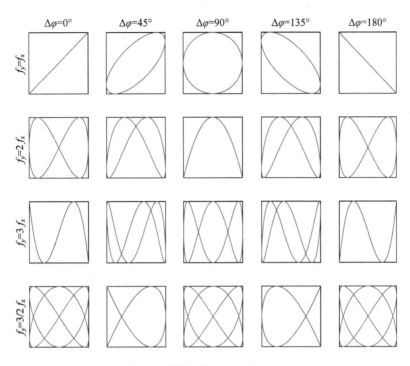

图 3.19 李萨如图形($\Delta\varphi = \varphi_y - \varphi_x$)

(5) 存储深度:数字示波器将各个通道的信号先进行 ADC 采样,然后进行必要的数学运算,最后将结果显示在屏幕上。因此,示波器内部数字存储器的长度决定了示波器一次能够采集、处理和显示的波形长度。存储深度一般表示为采样点的个数,例如某数字示波器的存储深度为 250 MPts/CH,表示每通道最多能够采集 250 M 个采样点(Point)。有时,Point 也用 Sample(采样点)表示,如写为 250 MSa/CH 或 250 MS/CH,或者简写为 250 M。

(6) 插值算法:为了使示波器显示的信号波形更加连续、平滑,有时在采样点之间通过插值算法插入若干计算点,人为提高采样率。常用的插值算法包括 $\sin(x)/x$(正弦内插)、Linear(线性内插)、Sample&Hold(采样保持内插)算法等。

(7) 抽取算法:与插值算法相反,当数据量过大和显示时间过长时,仅抽取特定点的数值进行显示。

(8) 时间标记:在示波器显示区域上侧,有显示为"▼"的标记,该标记表示水平通道 0 时刻的位置,当通过水平通道旋钮调整该标记的位置时,所有通道的信号波形显示也随之左右移动。

3.2.4 触发方式的设置

触发方式设置的相关术语如下:

(1) 内部/外部触发(Internal/External Trigger)：指触发信号的来源，是来自于示波器内部，还是通过端子从外部输入。

(2) 触发类型(Trigger Type)：示波器触发信号的类型，常见的触发类型包括边沿触发、脉冲触发、视频触发等。边沿触发需要设置触发沿的通道、斜率、耦合方式等；脉冲触发需要设置触发信号的通道、宽度、斜率、耦合方式等；视频触发则需要设置通道、标准(NTSC、SECAM、PAL 等)、极性等。

(3) 触发电平位置(Trigger Level)：如示波器显示区域网格右侧的"◄"标记所示，表示触发电平的幅值大小。如触发类型为边沿触发，则表示信号边沿通过该电平时触发。

当触发电平位置位于信号幅值之外时，示波器显示的波形将左右随机移动，这使得波形难以观察，如图 3.20 所示，此时触发状态(显示区域上方)将显示"Auto"。将触发电平位置移动至幅值范围内，如图 3.21 所示，此时波形将在网格中固定位置稳定重复绘制，触发状态显示为"Trig'd"(已触发)。

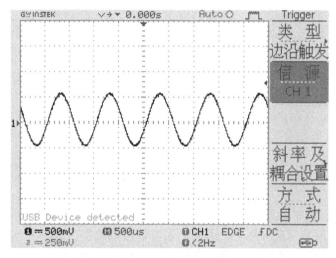

图 3.20　未触发时的波形

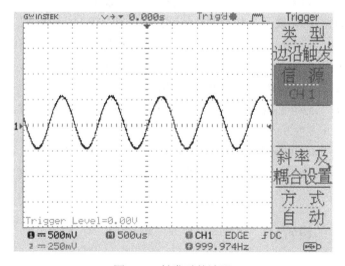

图 3.21　触发时的波形

(4) 连续触发和单次触发(Continue/Single Trigger)：连续触发是指示波器每次触发均更新波形显示；而单次触发表示示波器每次触发仅显示一次波形，然后等待用户再次按下单次触发键开始下一次波形采集。

触发功能是确保信号能够在示波器屏幕上稳定显示的重要条件。由于示波器时基与输入信号之间时间的不相关性，若不使用触发功能，则示波器显示的信号波形将是在屏幕上连续滚动的波形，不便于观察和测量。若需要稳定触发，应设置合理的触发方式，并将触发电平位置(通常在显示网格右侧)置于显示的波形幅度之内。

观察周期信号，宜用连续触发。对于非周期信号或者时间间隔较长的信号(例如一些数字总线信号)，又或者一些偶发信号(例如电源浪涌或冲击信号)，则应采用单次触发。

3.2.5 测量功能的设置

数字示波器内部采用了微处理器、数字信号处理器和数字存储器等，依赖于其内部强大的数据处理能力，数字示波器能够完成一些常见的自动测量(Measure)功能，包括：

(1) 电压(Voltage)测量：峰值/振幅(V_p/V_{amp})、峰-峰值(V_{pp})、最大值(V_{max})、最小值(V_{min})、高电平(V_{hi})、低电平(V_{lo})、平均值(V_{avg})、均方根值(V_{rms})等。

(2) 时间(Time)测量：频率(Frequency)、周期(Period)、上升时间(Rise Time)、下降时间(Fall Time)、正脉冲宽度(+Width)、负脉冲宽度(-Width)、占空比(Duty)等。

(3) 延迟(Delay)测量：FRR、FRF、FFR、FFF、LRR、LRF、LFR、LFF 等，其中的 F 含义为 First/Fall，L 含义为 Last，R 含义为 Raise，例如 FRR 表示信号 1 初次上升沿相对于信号 2 初次上升沿的延迟。

这里以脉冲信号为例，对一些常见的、易于混淆的测量参数的含义进行说明。首先解释电压相关参数的含义(如图 3.22 所示)。

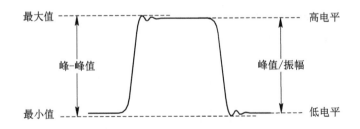

图 3.22　电压相关参数的含义

(1) 峰值/振幅(V_p / V_{amp})：信号的高电平与低电平之差。

(2) 峰-峰值(V_{pp})：信号电压的最大值与最小值之差。

(3) 最大值(V_{max})：信号电压的最大值。

(4) 最小值(V_{min})：信号电压的最小值。

(5) 高电平(V_{hi})：信号电压顶端的平均值。

(6) 低电平(V_{lo})：信号电压底端的平均值。

(7) 平均值(V_{avg})：信号电压所有时刻的平均值。

(8) 均方根值(V_{rms})：信号的等效直流电压值。

从以上概念可知，最大值≥高电平≥平均值≥低电平≥最小值，而峰-峰值 = 最大值 - 最小值，峰值/振幅 = 高电平 - 低电平，峰-峰值≥峰值/振幅。

接下来解释时间相关参数的含义(如图 3.23 所示)。

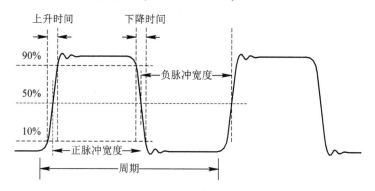

图 3.23   时间相关参数的含义

(1) 上升时间(Rise Time)：信号电压从 10%上升至 90%的时间。

(2) 下降时间(Fall Time)：信号电压从 90%下降至 10%的时间。

(3) 正脉冲宽度(+Width)：信号电压从上升过 50%到下降过 50%的时间。

(4) 负脉冲宽度(-Width)：信号电压从下降过 50%到上升过 50%的时间。

(5) 占空比(Duty)：正脉冲宽度占信号周期的比例。

这里需特别注意 10%、50%、90%(均相对于脉冲峰值)3 个阈值对于以上参数的划分。

需要说明的是，除了基本的测量参数，如峰值、频率等外，不同型号示波器的自动参数测量功能通常是不同的，且往往名称和缩写均有所区别，需要参考具体的示波器使用操作说明书准确理解各个自动测量参数的含义。同时，由于采用的计算方法和计算条件不同，即使对于同一信号的相同参数，不同型号示波器的测量结果也有可能是不同的。

图 3.24 所示为 10 项常用参数的测量显示，见图中右侧的 Measure 列表。

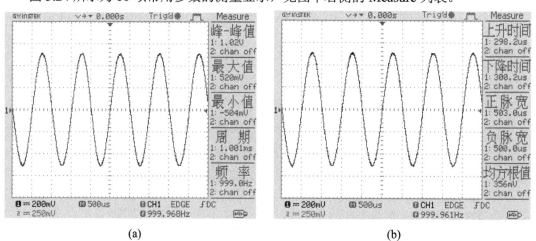

(a)   (b)

图 3.24   常用参数的测量功能

由于大多数示波器的显示像素有限，因此用示波器能够计算的参数往往远多于实际能够显示的参数，在使用示波器时，应根据示波器使用操作说明书进行配置。

3.2.6 光标模式的设置

光标模式(Cursor)是指在示波器屏幕上显示水平或者垂直的测量标线,用来测量波形两点之间的时间差和幅值差等。

(1) 垂直光标:光标为垂直竖线,包括 X1 光标和 X2 光标,一般左侧光标为 X1,右侧光标为 X2。

(2) 水平光标:光标为水平横线,包括 Y1 光标和 Y2 光标,一般上方光标为 Y1,下方光标为 Y2。

光标模式是一种半自动测量模式,某些示波器能够同时使用垂直光标和水平光标。需要说明的是,光标模式测量的准确度一般低于自动测量,高于人工判读,实际操作时为提高测量结果的准确度,应使被测信号波形尽量占满整个屏幕。

图 3.25 和图 3.26 所示分别为使用垂直光标模式和水平光标模式测量一正弦信号的画面,从光标自动计算结果中可以读出信号的周期为 1 ms,频率为 1 kHz,峰-峰值为 1.02 V。

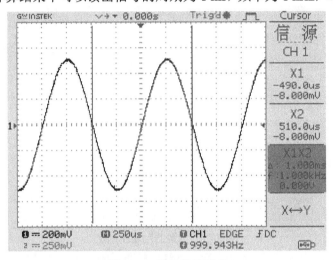

图 3.25 垂直光标模式

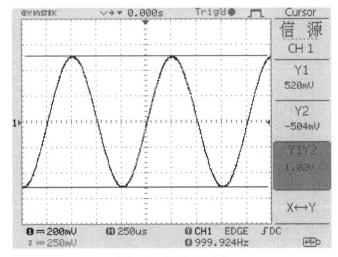

图 3.26 水平光标模式

3.3 测 量 实 例

3.3.1 直流电源的测量

以某显示屏电源适配器输出的直流电压信号作为测量对象，测量该电源适配器的实际输出电压及其纹波，步骤如下：

(1) 连接电源适配器与示波器，示波器表笔探头置于×1位置。

(2) 给示波器、电源适配器的电源通电，完成示波器自检。

(3) 采用直流耦合方式测量直流输出。调整测量通道的通道标记位置，使其接近显示区域底部，调整垂直挡位，使波形迹线接近显示区域顶部，目的是尽量提高垂直分辨率。使用自动测量功能设置计算参数，获得示波器显示画面和测量数据结果如图3.27所示。

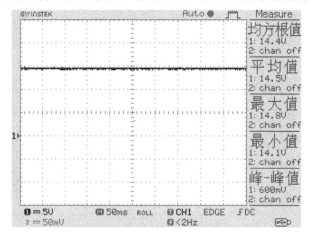

图 3.27 电源的测量波形 1

(4) 采用交流耦合方式测量交流分量。调整测量通道的通道标记位置至显示区域中部，调整垂直挡位使波形迹线尽量充满整个画面。示波器显示画面和自动测量数据如图3.28所示。

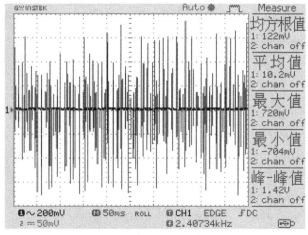

图 3.28 电源的测量波形 2

从图 3.27 可知，实际输出电压有效值为 14.4 V，平均值为 14.5 V，最大值为 14.8 V，最小值为 14.1 V，峰-峰值为 0.600 V。由图 3.28 所示可知，输出电压交流分量的有效值为 0.122 V，平均值为 0.0102 V，最大值为 0.720 V，最小值为 -0.704 V，峰-峰值为 1.42 V。

3.3.2 交流电源的测量

1. 220V 市电的测量

交流电源以 AC 220 V / 50 Hz 的市电最为常见，然而由于示波器供电通常也为市电，其供电输入与被测对象共源，因此在测量市电时存在特殊性，若操作不当，则极有可能造成市电跳闸，严重时可能导致示波器探头、示波器的损坏，甚至对人员造成伤害，因此具有极高的危险性。

两相的 220 V 市电在规范用电时常使用三线制：火线、零线、地线。

(1) 火线：即 L 线，也称相线，来自发电站或变电站，相对于零线电压有效值为 220 V ± 10%，人体接触会有触电危险。

(2) 零线：即 N 线，为火线提供回路，在发电站或变电站端接地。由于是远端接地，因此用电端电位不一定为零，即可能带电，与其接触仍有可能发生危险。

(3) 地线：即 E 线，通常与所在建筑物的大地相连，与大地等电位，通常地线是安全的。

接下来说明示波器的供电方式。对于示波器，通常使用 L 线和 N 线之间的 AC 220 V 进行 AC-DC 电源变换，产生示波器内部工作所需的直流电源。同时，为避免仪器产生累积静电，仪器外壳金属端与探头的负端(地)均与地线 E 相连，以对仪器和使用者进行必要的保护。

当用示波器直接对零线和火线进行测量时，如图 3.29 所示，不论是图 3.29(a)还是图 3.29(b)中的接线方式，都会把零线或火线对地线短路(如图中虚线所示)，这是非常危险的。特别是对于图 3.29(b)所示情况，火线与仪器金属部分相连(包括示波器通道插座的外金属)，使其带电 220 V，极易造成触电。因此，常规方法使用示波器是不能直接测量市电的。

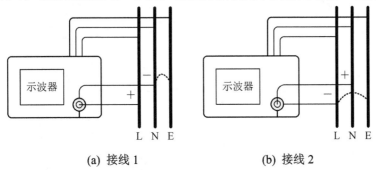

(a) 接线 1　　　　　　　　　(b) 接线 2

图 3.29　示波器测量市电

有一种采用示波器测量市电的方法是所谓的"浮地测量法"，即将图 3.29 中的地线与示波器的供电连接断开，例如通过两线制的插座给示波器供电，或者使用示波器电池进行供电，又或者通过变压器对示波器供电。浮地测量法对于图 3.29(b)所示的接线方式，由于火线与机壳金属部分相连，故仍然存在较大的危险。对于图 3.29(a)所示的接线方式，虽然不存在危险，但仍存在两点不足：一是仪器工作过程中产生的静电无法释放，容易造成仪器损坏；二是浮地后示波器与大地的寄生电容会使信号发生振铃现象，导致信号失真。因此，浮地测量法也是不正确的。

正确测量市电的方法是使用高压差分探头。差分探头利用差分放大原理，可将任意两点间的信号转换成对地的信号，因其使用简单方便，安全可靠，所以是最正确的测量方式。

2. 交流稳压电源的测量

不论是市电 220 V 的交流稳压电源，还是飞机上使用的 115 V、400 Hz 交流电源，如上所述，正确的方式都应该采用高压差分探头进行测量，测量时的一般步骤如下：

(1) 充分了解被测量的电压范围及需要使用的探头的电压限制，选择合适的高压差分探头。

(2) 接通示波器及高压差分探头，完成示波器和探头自检。

(3) 设置合适的高压差分探头衰减系数，如 1×、10×、100× 和 1000× 等。

(4) 对高压差分探头进行校准调零，消除测量误差。

(5) 将高压差分探头的正、负极分别与被测电压的输出端正、负极相连。

(6) 使用示波器的自动或手动测量功能，获得信号的测量参数。

(7) 根据探头衰减系数，换算成实际的信号参数。

需要说明的是，性能优异的高压差分探头往往价格不菲，其售价有时甚至超过示波器本身。

3.3.3 周期信号的测量

对于周期信号的测量，通常采用连续触发的方式进行，常用的触发方式为边沿触发，例如对于某方波信号，采用上升沿触发时示波器捕获的信号波形如图 3.30 所示。

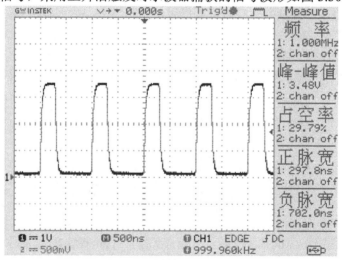

图 3.30 周期方波信号波形

图 3.30 中触发沿采用了上升沿，"▼"符号(绘图区上方)指示的是时间为 0.000 s 时刻，"◄"符号(绘图区右侧)指示的是触发电平位置，因此每次绘制信号波形时均以该上升沿过触发电平的位置为参考点绘制波形，使得波形能够稳定显示在屏幕中。

数字示波器大多具有自动测量功能，可通过配置自动计算所需的波形参数。例如，通过自动参数测量功能，配置当前显示的测量参数分别为"频率""峰-峰值""占空

率""正脉宽""负脉宽"(如图 3.30 右侧所示),通道 1 测量的结果如下:

频率 = 1.000 MHz;

峰–峰值 = 3.48 V;

占空率 = 29.79%;

正脉宽 = 297.8 ns;

负脉宽 = 702.0 ns。

如果需要进一步测量信号的其他参数,亦可通过参数配置进行自动测量,例如,对于图 3.30 中信号上升时间、下降时间的测量,用本书所介绍的示波器,这两项参数可以通过 "Rise Time""Fall Time"测量自动获取,其操作方法类似。

当需要同时测量两个周期信号的相关参数时,例如测量两个同步周期信号之间的延迟,也可以采用自动测量功能,如图 3.31 所示。

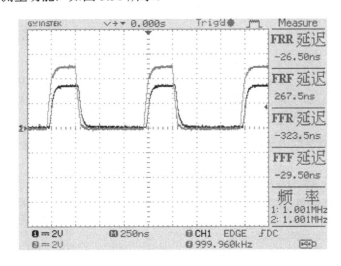

图 3.31　测量周期信号延迟

图 3.31 中,示波器显示的自动测量参数为 FRR 延迟、FRF 延迟、FFR 延迟、FFF 延迟,其值分别为 -26.50 ns、267.5 ns、-323.5 ns、-29.50 ns,即信号 1 上升沿相对于信号 2 上升沿的延迟为 -26.50 ns,信号 1 上升沿相对于信号 2 下降沿的延迟为 267.5 ns,信号 1 下降沿相对于信号 2 上升沿的延迟为 -323.5 ns,信号 1 下降沿相对于信号 2 下降沿的延迟为 -29.50 ns。

当所用的示波器没有自动测量功能时,可以采用手动的方式对信号的延迟特性进行测量,其方法与非周期性信号的测量类似。

3.3.4　非周期信号的测量

一般来说,对非周期信号的测量比对周期性信号的测量要复杂一些,这是因为非周期信号往往不具有周期性规律,连续触发模式下更难捕获。因此,在大多数情况下,非周期信号的触发模式应选择单次触发,并合理地设置触发通道和触发条件。

例如,对于一个 28 V 开关量信号,使用示波器测得的信号波形如图 3.32 所示,其中示波器采用的触发方式为上升沿触发,触发电平为 16 V,触发模式为单次触发。

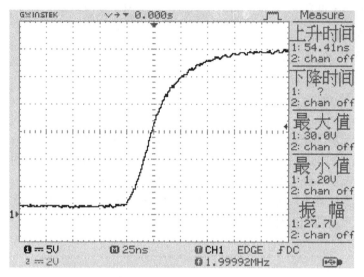

图 3.32　非周期信号上升沿

测量的结果：上升时间为 54.41 ns，最大值为 30.0 V，最小值为 1.20 V，振幅为 27.7 V。这里需注意振幅并不等于最大值减去最小值，请参考 3.2.5 节中关于脉冲信号幅度参数的解释。

如果要测量该信号的下降沿，则应将触发方式修改为下降沿触发，此时获得的信号波形如图 3.33 所示。

测量的结果：下降时间为 57.79 ns，最大值为 30.0 V，最小值为 1.39 V，振幅 27.6 V。

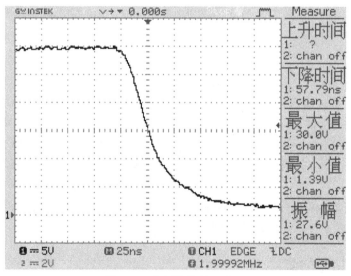

图 3.33　非周期信号下降沿

3.3.5　总线信号的测量

下面以总线信号为例，说明单次触发方式和光标模式测量组合的使用方法。

对于数字信号，由于其具有一次性，因此不能采用连续刷新的方式进行测量，否则信号将在屏幕上一闪而过,无法锁定。为了捕获非周期性稀疏信号,通常采用单次触发方式。

RS-232 总线引脚布局(DB9 接口)如图 3.34 所示,最简单的方式下,RS-232 总线可使用 RXD、TXD 和 GND 三线进行数据通信。

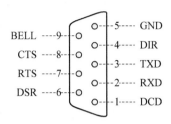

图 3.34 RS-232 总线引脚布局(DB9 接口)

对于输出数据,仅需测量 TXD 和 GND 引脚之间的信号即可,测量步骤如下:

(1) 连接示波器探头与 RS-232 总线的 GND 端(Pin5,接探头负端)和 TXD 端(Pin3,接探头正端)。

(2) 设置示波器垂直挡位为 5 V,通道标记位置为 0 V。

(3) 设置示波器触发方式为边沿触发,触发电平为 2 V。

(4) 等待示波器捕获 RS-232 总线信号。

(5) 示波器捕获 RS-232 总线信号后,调出光标模式,使用垂直光标进行测量,如图 3.35 所示。

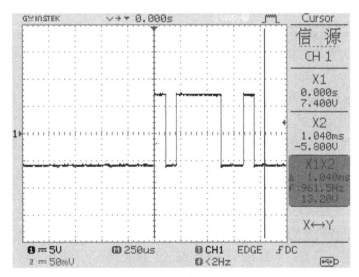

图 3.35 RS-232 总线信号的测量

从图 3.35 所示可以看出:

(1) RS-232 总线信号在无数据传输时为低电平。

(2) 数据传输开始时,以 1 位高电平表示开始。

(3) 接下来传输的数据包括数据位、校验位和停止位。按照 RS-232 信号规范,高电平 (+3~+15 V)表示逻辑"0",低电平(-15~-3 V)表示逻辑"1",数据以字节为单位(帧)传送,先低位后高位。已知无校验,最后一位为停止位(低电平),因此实际数据为"01100001",

即字符"a"的 ASCII 码。

(4) 总数据位长度为 1(起始位) + 8(数据位) + 0(校验位) + 1(停止位) = 10 位，用时为 1.040 ms(光标 X1→X2)，因此波特率为 10 bit/1.040 ms ≈ 9.6 kb/s。

与 RS-232 总线信号类似，对于 UART、RS-422、RS-485 信号，以及 I^2C、SPI、MIL-STD-1553B、ARINC429 等信号的测量，也可采用相同的方法进行，请读者举一反三。

3.3.6 调制信号的测量

信号调制的目的是把要传输的模拟信号或数字信号变换成适合信道传输的信号，一般是把基带信号(信源)转变为一个相对基带频率而言频率更高的带通信号。由于调制信号的载波频率通常较高，且往往超出示波器的带宽，因此在大多数情况下，普通的示波器并不适用于调制信号的测量，而应该使用工作频率更高的频谱分析仪或信号分析仪测量调制信号。

然而，在某些场合，由于示波器能够很好地显示信号的时域波形，因此在测量低频调制信号时，仍然可以采用示波器进行测量和分析。此外，对于较高频率调制信号的测量，也可以采用先降低载波频率测量信号时域特性，再升高载波频率测量信号频域特性的方法，实现对调制信号的综合测量。以下分别以短波 AM 调制信号和机场指点信标为例，说明示波器对于调制信号的测量方法。

1. AM 调制信号

AM 是一种最基本的调制方式，常用于短波通信系统、超短波通信系统、脉冲体制的雷达、各种无线电导航系统等。

AM 调制的数学表示为

$$y(t) = A(1 + m_a v(t))\cos\omega_c t \tag{3.1}$$

其中：A 为载波幅度；m_a 为调制指数(也称为调幅度或调制深度)，一般有 $0<m_a<1$；$v(t)$ 为调制信号；ω_c 为载波角频率。载波频率 $f_c = 2\pi\omega_c t$。当 $m_a < 1$ 时，调制后的信号 $y(t)$ 的包络直接对应着调制信号 $v(t)$ 的变化规律；当 $m_a > 1$ 时，由于 $v(t)$ 的幅度过大造成相位 180°的反转，使得包络与调制信号不一致，产生过调幅失真。

当 $v(t)$ 为单音信号，如 $v(t) = \cos\omega t$ 时，公式(3.1)可以表示为

$$y(t) = A(1 + m_a\cos\omega t)\cos\omega_c t \tag{3.2}$$

其中：$A \times m_a$ 为单音信号的幅度；ω 为单音信号的角频率。单音信号的频率 $f = 2\pi\omega t$。

此时，调制信号的主要参数包括载波幅度 A、载波频率 f_c(或角频率 ω_c)、调制信号频率 f(或角频率 ω)和调制深度 m_a。

下面以某型短波通信系统输出的 AM 调制信号的测量为例，说明信号的测量方法与测量步骤。

(1) 检查示波器状态，确保示波器及其附件状态完好，且带宽远大于被测信号频率范围。

(2) 连接示波器探头与被测信号，设置示波器阻抗，使得示波器阻抗与测量点的输出阻抗匹配，例如设置阻抗为 50 Ω。

(3) 调整示波器垂直挡位和水平挡位至合适值，使示波器显示的信号波形在垂直方向

充满整个屏幕，水平方向覆盖 2～3 个调制信号周期。

(4) 打开光标测量功能，设置水平光标位置，测量已调信号包络的幅值。

(5) 打开光标测量功能，设置垂直光标位置，测量已调信号包络的周期。

此处由于调幅方式使得触发电平位置存在多种状态，因此示波器上显示的波形是左右抖动的，此时可按下停止采样键(Run/Stop)，锁定当前获取的波形。测得的调制信号波形如图 3.36 和图 3.37 所示，两图中同时采用了自动测量和光标测量两种方式。

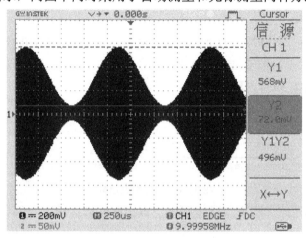

图 3.36 AM 调制信号幅值

图 3.36 所示测量结果：$Y_1 = 568$ mV，$Y_2 = 72.0$ mV，$Y_1 - Y_2 = 496$ mV，信号频率 = 9.999 58 MHz。

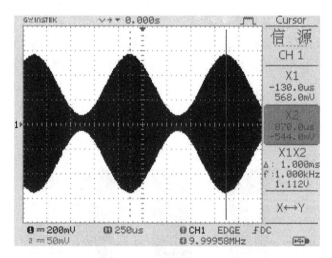

图 3.37 AM 调制信号周期

图 3.37 所示测量结果：$\Delta = |X_2 - X_1| = 1.000$ ms，$f = 1.000$ kHz。

计算测量结果可得调制信号的参数分别如下：

载波频率 $f_c = 9.999\ 58$ MHz；

载波幅度 $A = \dfrac{Y_1 + Y_2}{2} = \dfrac{568 + 72.0}{2} = 320$ mV；

调制频率 $f = 1.000$ kHz；

调幅度 $m_a = \dfrac{Y_1 - Y_2}{Y_1 + Y_2} = \dfrac{568 - 72.0}{568 + 72.0} = 77.5\%$ (由于 $(Y_1 + Y_2)/2 = A$，而 $Y_1 - Y_2 = 2 \times A \times m_a$，因此有上述计算方法)。

这里需要特别说明的是，短波通信系统属于射频系统，一般要求系统阻抗匹配，在实际系统中阻抗通常为 50 Ω，或者采用自适应天调进行匹配。对于示波器测量而言，应将示波器的输入阻抗设置为 50 Ω，否则测量得到的信号幅值是不准确的。

2. 机场指点信标

机场指点信标是一类最基本的进近导航系统，用于指示飞机距跑道入口的距离，通常与仪表着陆系统(ILS)或微波着陆系统(MLS)联合使用。大多数机场一般在跑道中线延长线上设置三处指点信标，如图 3.38 所示。

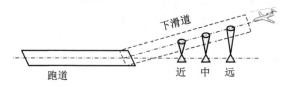

图 3.38　机场指点信标

(1) 远指点信标：位于跑道入口前 6500～11 100 m 处，通常为 7200 m，调制信号频率为 400 Hz。

(2) 中指点信标：位于跑道入口前 900～1200 m 处，这个位置也是 I 类决断高度位置点，提醒飞行员已经到达 I 类的决断高度(约为 60 m)，调制信号频率为 1.3 kHz。

(3) 近指点信标：位于跑道入口前 75～450 m 处，这个位置是 II 类决断高度位置点，提醒飞行员已经到达 II 类的决断高度(约为 30 m)，调制信号频率为 3 kHz。

远、中、近指点信标，也称外、中、内指点信标，载波频率均为 75 MHz，调制度均为 95%。飞机在下滑道上经过指点信标上空时，接收机会接收到相应的指引信号，并以声、光等形式提醒飞行员。

某机场指点信标信号模拟器采用示波器进行测量，测量步骤与 AM 调制信号的测量步骤类似，测得的近指点信标信号波形如图 3.39 和图 3.40 所示。

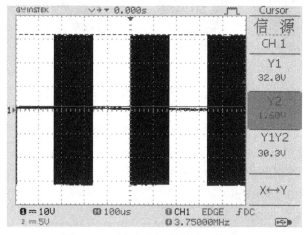

图 3.39　近指点信标信号波形(幅值)

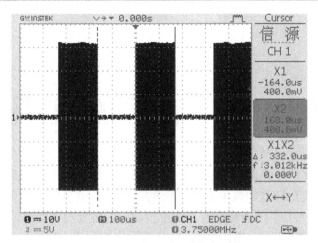

图 3.40　近指点信标信号波形(周期)

得到的测量结果如下：

载波幅度 $A = \dfrac{Y_1 + Y_2}{2} = \dfrac{32 + 1.6}{2} = 16.8 \text{ V}$ ；

调制频率 $f = 3.012 \text{ kHz}$；

调制度 $m_a = \dfrac{Y_1 - Y_2}{Y_1 + Y_2} = \dfrac{32 - 1.6}{32 + 1.6} = 90.5\%$ 。

从测量结果可以看出，测得信号的调制度不满足指点信标的技术要求，测量过程中对 Y1/Y2 光标位置的调节并不准确。

第4章 信号发生器

信号发生器又称信号源或振荡器，是一种能产生各种频率、波形和输出电平电信号的设备，在生产实践和科技领域中有着广泛的应用。在测量各种电子元器件、设备或系统的振幅特性、频率特性、传输特性及其他电参数时，信号发生器可作为信号源或激励源。

本章主要介绍函数信号、调制信号，信号的输出与同步、外部触发与外部调制等。

4.1 信号相关术语

4.1.1 函数信号

函数信号的相关术语如下：

(1) 函数(Function)信号发生器。各种波形曲线均可以用三角函数方程式来表示。能够产生多种波形如正弦波、矩形波(含方波)、三角波(含锯齿波)等的电路被称为函数信号发生器。

(2) 超低频/高频/射频(信号发生器)：描述信号发生器所产生信号的频率覆盖范围。我国无线电波段的划分如表 4.1 所示，一般雷达波段的划分如表 4.2 所示。

表 4.1 我国无线电波段划分

名 称	符 号	频 率	波 段	波 长	传播特性
极低频	ELF	3～30 Hz	极长波	10～100 Mm	有线
超低频	SLF	30～300 Hz	超长波	1～10 Mm	有线
特低频	ULF	300 Hz～3 kHz	特长波	100 km～1 Mm	有线
甚低频	VLF	3～30 kHz	超长波	10～100 km	空间波为主
低频	LF	30～300 kHz	长波	1～10 km	地波为主
中频	MF	300 kHz～3 MHz	中波	100 m～1 km	地波与天波
高频	HF	3～30 MHz	短波	10～100 m	地波与天波
甚高频	VHF	30～300 MHz	米波	1～10 m	空间波
特高频	UHF	300 MHz～3 GHz	分米波	0.1～1 m	空间波
超高频	SHF	3～30 GHz	厘米波	1～10 cm	空间波
极高频	EHF	30～300 GHz	毫米波	1～10 mm	空间波

表 4.2 雷达波段划分

波段代号	频率/GHz	波 长	波段代号	频率/GHz	波 长
HF	0.003～0.03	10～100 m	Ka 波段	27～40	7.5～11.11 mm
VHF	0.03～0.3	1～10 m	U 波段	40～60	5～7.5 mm
UHF	0.3～3	0.1～1 m	E 波段	60～90	3.33～5 mm
L	1～2	150～300 mm	F 波段	90～140	2.14～3.33 mm
S	2～4	75～150 mm	Q 波段	30～50	6～10 mm
C	4～8	37.5～75 mm	V 波段	50～75	4～6 mm
X	8～12	25～37.5 mm	W 波段	75～110	2.73～4 mm
Ku	12～18	16.67～25 mm	D 波段	110～170	1.67～2.73 mm
K	18～27	11.11～16.67 mm	毫米波	110～300	1～2.73 mm

(3) 正弦波(Sine Wave)。正弦波指信号波形呈正弦曲线的信号。正弦波是频率成分最为单一的信号，任何复杂信号都可以看作是由许许多多频率、幅值不等的正弦波复合构成的，其信号波形如图 4.1 所示，数学函数描述式为

$$y(t) = A\sin(\omega t + \varphi) \tag{4.1}$$

$$y(t) = A\sin(2\pi f t + \varphi) \tag{4.2}$$

其中：A 为信号的幅值；ω 为信号的角频率；f 为信号的频率，有 $\omega = 2\pi f$；φ 为初始相位。

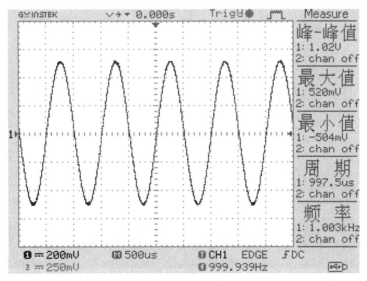

图 4.1 正弦波信号波形

(4) 矩形波(Rectangle Wave)。矩形波(含方波)是指信号波形呈高、低电平两种状态的信

号，一般出现在数字电路中。图 4.2 所示的矩形波在信号变化边沿有过冲现象，这是实际信号波形通常存在的现象。

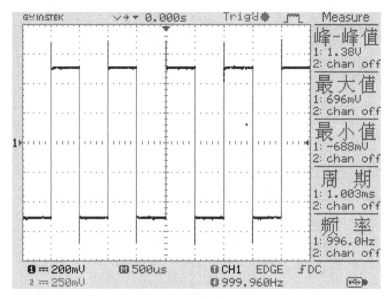

图 4.2　矩形波信号波形

(5) 三角波(Triangle Wave)。三角波也称锯齿波，是指信号波形呈固定斜率周期上升、下降的信号，如图 4.3 所示。

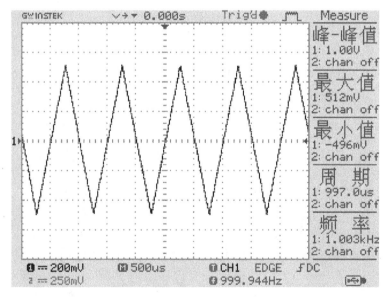

图 4.3　三角波信号波形

(6) 噪声信号(Noise)。此处的噪声信号是指无特定数学规律的信号。按照统计学分布，噪声分为白噪声、高斯噪声、瑞利噪声等。按照噪声与有用信号的关系，噪声又分为加性噪声和乘性噪声。一般信号发生器的噪声属于白噪声、加性噪声，信号波形如图 4.4 所示。

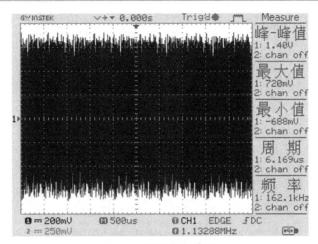

图 4.4 噪声信号波形

(7) 占空比(Duty)。对于矩形波,占空比是指信号的高电平时间占整个信号周期的比例;对于三角波,占空比是指信号的上升时间占整个信号周期的比例。图 4.5、图 4.6 所示分别为占空比为 80%的矩形波和三角波。

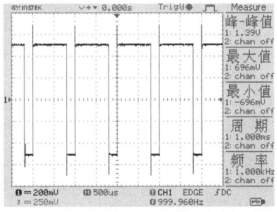

图 4.5 矩形波信号波形(占空比 80%)

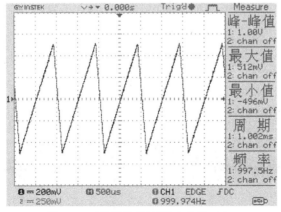

图 4.6 三角波信号波形(占空比 80%)

(8) 直流偏置(DC Offset)。对所有信号均可设置直流偏置,即信号的直流分量,不同直流偏置的信号波形如图 4.7、图 4.8 所示。

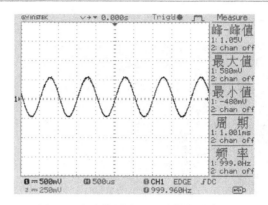

图 4.7 直流偏置为 0 V 时的信号波形

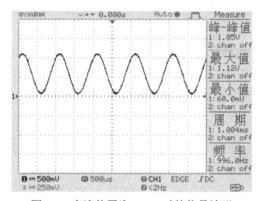

图 4.8 直流偏置为 0.5 V 时的信号波形

(9) 输出阻抗(Impedance)。大部分信号发生器均提供两种输出阻抗模式：1 MΩ(也称高阻，High-Z)，通常用于低频电路；50 Ω，通常用于射频电路。

正弦波、矩形波、三角波、噪声信号的频谱分别如图 4.9 至图 4.12 所示。注意，不同于理论教材，图 4.9 至图 4.12 是使用频谱分析仪对信号发生器产生的图 4.1 至图 4.4 所示信号的实测结果，与理论频谱是存在差异的。

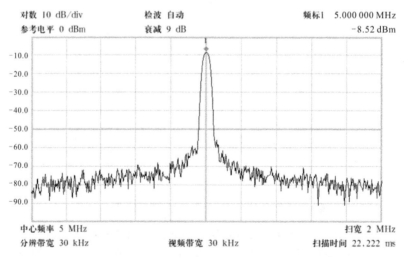

图 4.9 正弦波信号频谱

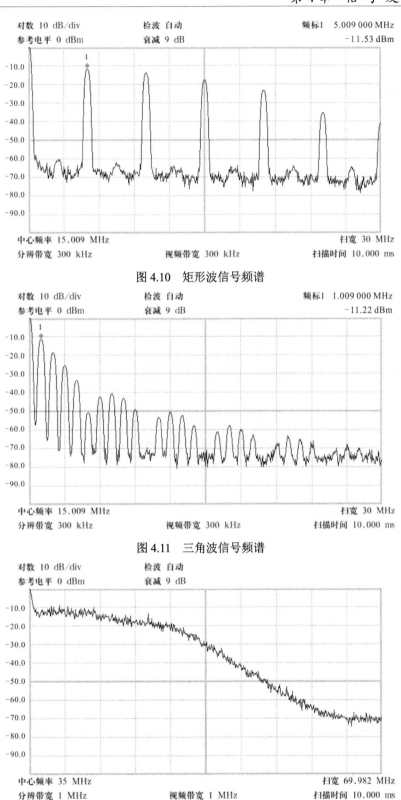

对数 10 dB/div　　　　　检波 自动　　　　　　　频标1　5.009 000 MHz
参考电平 0 dBm　　　　　衰减 9 dB　　　　　　　　　　　　−11.53 dBm

中心频率 15.009 MHz　　　　　　　　　　　　　　　　　　扫宽 30 MHz
分辨带宽 300 kHz　　　　　　视频带宽 300 kHz　　　　　扫描时间 10.000 ms

图 4.10　矩形波信号频谱

对数 10 dB/div　　　　　检波 自动　　　　　　　频标1　1.009 000 MHz
参考电平 0 dBm　　　　　衰减 9 dB　　　　　　　　　　　　−11.22 dBm

中心频率 15.009 MHz　　　　　　　　　　　　　　　　　　扫宽 30 MHz
分辨带宽 300 kHz　　　　　　视频带宽 300 kHz　　　　　扫描时间 10.000 ms

图 4.11　三角波信号频谱

对数 10 dB/div　　　　　检波 自动
参考电平 0 dBm　　　　　衰减 9 dB

中心频率 35 MHz　　　　　　　　　　　　　　　　　　　　扫宽 69.982 MHz
分辨带宽 1 MHz　　　　　　　视频带宽 1 MHz　　　　　　扫描时间 10.000 ms

图 4.12　噪声信号频谱

4.1.2 扫频信号

扫频信号的相关术语如下：

(1) 扫频信号：频率在一定范围内，按一定周期反复变化的信号。

(2) 扫频周期：扫频信号重复的周期。

(3) 起始频率：扫频信号开始时的频率。

(4) 终止频率：扫频信号终止时的频率。当扫频信号到达终止频率时，某些信号发生器可以选择是否回到起始频率重复扫描，或者反向变化，又或者停止输出信号。

(5) 扫描方式：通常包括线性(Line)扫描和对数(Log)扫描两种方式，即频率的变化是按线性规律还是对数规律。

图 4.13 所示是用信号发生器产生的起始频率为 1 kHz、终止频率为 1 MHz、扫频周期 为 1 ms、线性扫描方式的扫频信号。

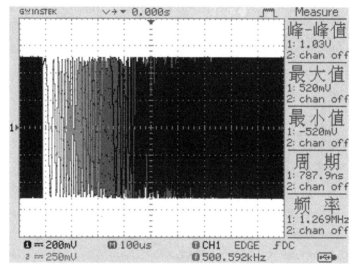

图 4.13　扫频信号

4.1.3 自定义信号

自定义信号也称为自定义波形(Arbitrary Wave)或任意波形，是指用户自行编辑的信号，通常包含若干自定义信号点，每个点至少包含时间和幅值两个参数。当采用表 4.3 所示的信号点数和信号点参数时，自定义信号波形如图 4.14 所示。

表 4.3　自定义波形参数

点	值	电压/mV	点	值	电压/mV
0	0	0	3	−300	−300
1	200	200	4	−100	−100
2	500	500	5	300	300

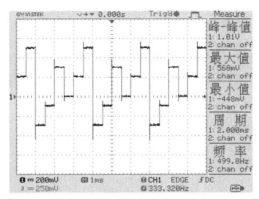

图 4.14　自定义信号波形

4.2　调 制 信 号

调制信号的相关术语如下：

(1) 调制信号(Modulation Signal)。为了便于信号发射，用需要传输的信号去改变载波信号的参数，如幅值、频率、相位及其组合，用来改变载波信号参数的信号即为调制信号。

(2) 调制方式(Modulation Type)。调制信号改变载波信号参数的方式即为调制方式，也称为调制类型。常见的模拟调制方式包括调幅(AM)、调频(FM)、调相(PM)等。常见的数字调制方式包括幅移键控(ASK)、频移键控(FSK)、相移键控(PSK)等。

(3) 载波(Carry Wave)：被调制的传输信号的波形，一般为正弦波。

(4) 调制深度(Depth)：对于 AM 调制方式，是指调制信号幅值与载波信号幅值的比值。

(5) 调制频偏(Deviation)：对于 FM 调制方式，是指载波与调制波的最大频率偏差。

(6) FSK 频率：对于 FSK 调制方式，是指 FSK 中 0/1 数值变化的频率。

(7) 跳变频率(Hop)：FSK 中"0"对应的信号频率。

(8) 调制速率(Rate)：或称调制频率，是指调制信号的频率。

图 4.15 至图 4.17 所示依次为 AM、FM、FSK 调制信号典型时域波形。图 4.15 所示的信号参数为：载波为 1 V_{pp}@1 kHz，调制信号为正弦波，调制频率为 100 Hz，调制深度为 30%。

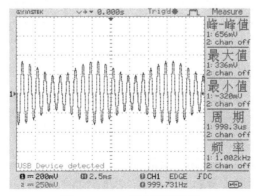

图 4.15　AM 调制信号波形

图 4.16 所示的信号参数为: 载波为 1 V_{pp}@1 kHz, 调制信号为正弦波, 调制频率为 100 Hz, 频偏为 500 Hz。

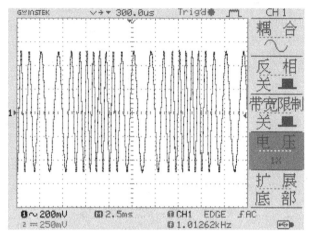

图 4.16 FM 调制信号波形

图 4.17 所示的信号参数为: 载波为 1 V_{pp}@1kHz, 跳变频率为 100 Hz, FSK 频率为 20 Hz。

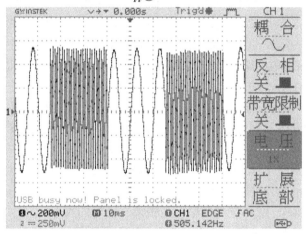

图 4.17 FSK 调制信号波形

通常被调制信号为单一频率的正弦波信号、方波信号、锯齿波信号等, 有些信号发生器能够产生两个频率的正弦波被调信号, 同时进行调制, 这种调制信号称为"双音调制"信号。双音调制仅是被调信号的频率成分为两个, 采用的调制方式、载波特性等与前述内容均相同。

4.3 信号的输出与同步

1. 通道个数

大多数信号发生器提供 1～2 路输出信号, 有些能够提供 4 路以上的输出信号。对于多路输出信号, 除了每个通道本身的信号参数, 我们还能够分别控制各个通道输出信号的相位, 实现通道之间输出信号的相位同步。

图 4.18 所示为双通道信号发生器输出信号的波形,其中:通道 1 输出信号为 1 kHz 正弦波,相位为 0°,峰-峰值为 200 mV;通道 2 输出信号也为 1 kHz 正弦波,但相位为 180°,峰-峰值为 200 mV。

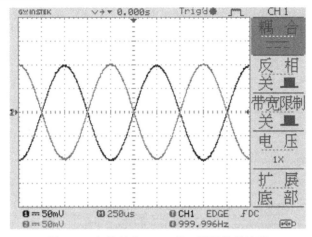

图 4.18　相位差为 180° 的双通道信号波形

2. 输出阻抗

为适应不同的应用场合,可以设置信号发生器输出信号的阻抗,例如 1 MΩ(高阻)、50 Ω、75 Ω、120 Ω 等。实际使用时,应根据接收信号的设备进行正确配置,否则示波器指示的信号参数,与实际系统接收到信号的参数有可能存在较大差异。

图 4.19 所示为同一信号(正弦波、频率 1 kHz、峰-峰值 200 mV)在输出阻抗分别为 1 MΩ、50 Ω 时,用输入阻抗为 1 MΩ 的示波器进行测量的结果,其中通道 1 是输出阻抗为 1 MΩ 时的信号波形(峰-峰值 200 mV),通道 2 是输出阻抗为 50 Ω 时的信号波形(峰-峰值 400 mV)。从结果可以看出两者存在很大差异。

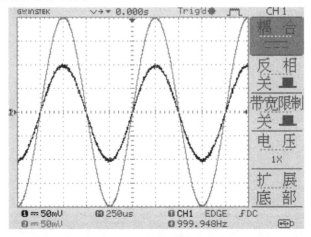

图 4.19　示波器测量不同输出阻抗的信号波形

3. 同步信号

特别需要注意的是,通道信号输出端子一般标识为 Output 或 Main,同时在其附近通常还有一个接口完全类似的输出端子,一般标识为 Sync。这里由 Output 或 Main 端子输出的是设置的信号,而由 Sync 端子输出的是设置信号的同步信号,一般为方波。

图 4.20 至图 4.23 分别为正弦波、矩形波、锯齿波、脉冲波输出信号及它们的同步信号的波形,其中通道 1 为输出信号,通道 2 为同步信号。

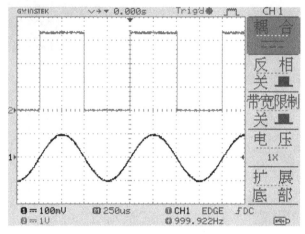

图 4.20　正弦波及其同步信号

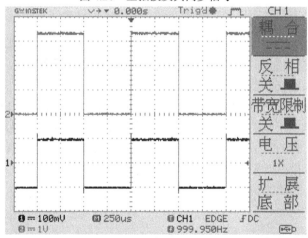

图 4.21　矩形波及其同步信号

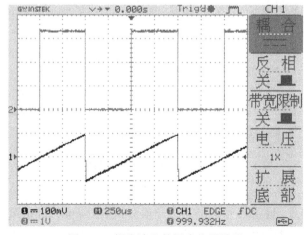

图 4.22　锯齿波及其同步信号波形

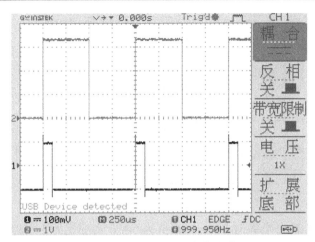

图 4.23 脉冲波及其同步信号波形

4.4 外部触发与外部调制

1. 外部触发

对于函数信号,外部触发是指信号产生的时机由外部信号控制,通常用于实现输出信号的外同步。

2. 外部调制

对于调制信号,被调信号可以来源于信号发生器内部,也可以来自于外部输入。外部调制是指调制信号从外部输入(通常产生特定的调制信号)。大多数信号发生器均能产生矩形波调制信号,但调制信号的占空比只能是 50%,内部矩形波 AM 调制的信号波形如图 4.24 所示。

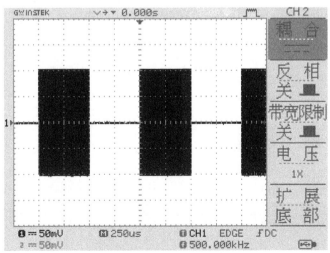

图 4.24 内部矩形波 AM 调制的信号波形

若需产生窄脉冲调制信号,例如雷达信号,则需要通过外部调制方式来实现。如图 4.25 所示,可用信号发生器 A 产生小占空比的矩形波,作为信号发生器 B 的外部调制信号输入,信号发生器 B 输出载波，并采用 AM 调制方式，即可产生所需信号。

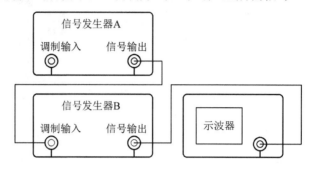

图 4.25　窄脉冲调制信号的产生

当信号发生器 A 输出频率为 1 kHz、幅值为 5 V、占空比为 1% 的矩形波，信号发生器 B 输出频率为 10 MHz、峰–峰值为 200 mV 的正弦波，采用 AM 调制方式(外部调制、调制深度 100%)时，测得的信号波形如图 4.26 所示，读者可与图 4.24 比较。

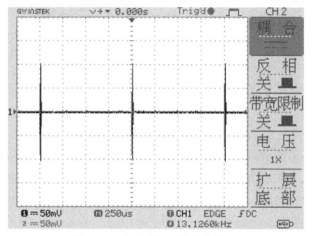

图 4.26　窄脉冲调制信号的波形

第5章　频谱分析仪

本章主要介绍频谱基础知识和频谱分析仪基本工作原理、主要性能指标、功能与设置以及测量实例。

5.1　频谱基础知识

5.1.1　信号的频谱

信号是指随时间或者空间变化的序列，在信号处理领域，通常特指一维信号，也就是单一的随时间或空间变化的序列，数学表示为$f(t)$或$f(x)$。

最简单的信号是正弦波(Sine Wave)和余弦波(Cosine Wave)，两者统称为简谐波。以正弦波为例，其数学函数表示为

$$y(t) = A\sin(2\pi f t + \varphi) \tag{5.1}$$

一个简谐波包含三项参数：振幅(Amplitude)A、频率(Frequency)f和相位(Phase)φ。不同的参数组合表示不同的简谐波。

在传统的信号分析领域，时域分析仍然是最重要的分析方法，但在某些场合，如射频领域，由于信号变化的特征难以用时域完全体现，因此需要更有效的分析工具。

傅里叶发现任何信号都可以通过简谐波的组合近似得到，这就是傅里叶定理：

$$F(\omega) = \int_{-\infty}^{+\infty} f(t)e^{-j\omega t}dt \tag{5.2}$$

其中：$F(\omega)$称为$f(t)$的像函数；$f(t)$称为$F(\omega)$的像原函数。

因此，可以将一个信号分解为若干不同频率成分的简谐波的组合进行分析，这些简谐波频率成分称为信号的频谱分量(Spectrum Component)，所有分量的频率组合称为该信号的频谱。将各个分量的强弱和相位用直角坐标系绘制出来，就得到信号的频谱图。

频谱分析将信号的分析方法从时域扩展至频域，有效解决了射频系统信号分析的不足。大部分的数学分析工具均提供傅里叶变换的实现。频谱在每个频点的取值都是一个复数，包括复数的模和角，因此频谱图实际上包括频谱的幅度谱和相位谱，即复数的模关于频率的函数和复数的角关于频率的函数。

5.1.2　分贝单位

在电子信号处理领域，频谱图的横轴为频率，而纵轴则通常有以下两种表示方式：

1. 幅度表示

幅度表示即纵轴的单位与时域波形中纵轴的单位一致，仍然为 V，一般较少使用。

2. 分贝表示

当信号分解为频谱分量时，往往各个频谱分量的幅值差别巨大，有时高达 10 的数十次方，此时用自然计数法或者科学计数法表示均很繁琐，且容易产生差错。为了更好地表征信号分量之间的比例关系，大多采用分贝(Decibel，dB)的表示方式。

对于两个电压 U_1 和 U_2，其比值的分贝表示为

$$N_{\mathrm{dB}} = 20\lg\frac{U_1}{U_2} \tag{5.3}$$

对于功率 P_1 和 P_2，其比值的分贝表示为

$$N_{\mathrm{dB}} = 10\lg\frac{P_1}{P_2} \tag{5.4}$$

公式(5.4)和公式(5.3)的系数有所不同，对于电压为 20，对于功率则为 10，这是由于功率与电压的平方呈比例关系。在纯电阻负载时有如下关系：

$$P = \frac{U^2}{R} \tag{5.5}$$

对于功率的表示，除了常用的 W 或 V·A，在射频领域还经常使用 dBW(Decibel Relative to One Watt)和 dBm(Decibel Relative to One Milliwatt)作为功率的单位。其中，dBW 称为分贝瓦，dBm 是 dBmW 的缩写，称为分贝毫瓦。

功率 P 的单位 mW 与 dBm 之间的换算关系如下：

$$P(\mathrm{dBm}) = 10\lg P(\mathrm{mW}) \tag{5.6}$$

例如：1 mW = 0 dBm，1 W = 1000 mW = 30 dBm，等等。详细的 dBm 与 W 换算关系请参考附录 B。

与 dB 不同的是，dBW 和 dBm 均为纯计数单位，是一个代指功率的绝对值，而 dB 是一个相对值。

5.1.3 功率谱密度

在频谱分析领域，除了信号的频谱，还常常遇到功率谱密度(Power Spectrum Density，PSD)的概念。所谓功率谱密度是指单位频带内的功率，它表示了信号功率随着频率的变化情况，即信号功率在频域的分布情况，单位通常为 W/Hz 或 dBm/Hz，有时也采用 W/nm。

功率谱密度计算如下：

$$\mathrm{PSD} = 10\lg\frac{P(\mathrm{mW})}{\mathrm{BW(Hz)}} = 10\lg P(\mathrm{mW}) - 10\lg \mathrm{BW(Hz)} \tag{5.7}$$

5.2　频 谱 分 析 仪

5.2.1　基本工作原理

频谱分析仪是一种研究电信号频谱结构的仪器,可用于分析信号的频点、频带、功率、谐波、杂散、带宽等。与示波器不同的是,频谱分析仪显示以频率为横轴,纵轴则可以为 dBm、dBμW、dBpW、dBmV、dBW、W、V 等,如图 5.1 所示(图中纵轴单位为 dBm)。

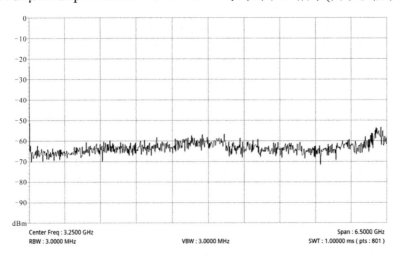

图 5.1　频谱分析仪的坐标轴

频谱分析仪分为实时式和扫频式两类。

1. 实时式频谱分析仪

实时式频谱分析仪一般采用正交调制/解调技术和傅里叶分析技术,不仅可以分析信号的幅值,也可以同时分析信号的相位变化。实时式频谱分析仪可测得被测信号的全部频谱信息,并进行分析和显示,主要用于非重复性或持续时间很短的信号的分析。

2. 扫频式频谱分析仪

扫频式频谱分析仪一般采用超外差式结构,通过本振的连续变化,获取各个频点信号的电平参数,因此它只能显示信号的幅度而不能显示信号的相位。扫频式频谱分析仪主要用于较宽频率范围内连续射频信号和周期信号的分析。

图 5.2 是扫频式频谱分析仪的基本结构框图。在混频器之前是射频部分,包括射频衰减器、前置放大器和滤波器。混频器之后是中频部分,包括中频滤波器、中频放大/衰减器、检波器和视频滤波器,最后是频谱显示。

扫频式频谱分析仪(以下简称频谱仪)射频端口内部连接的第一个器件就是衰减器,它有两个作用:一是降低输入信号的功率,增大频谱分析仪的功率量程上限,例如当衰减器衰减值设为 0 dB 时,频谱仪的最大输入功率是 20 dBm,当衰减器衰减值增加为 10 dB 时,频谱仪的最大输入功率则增大为 30 dBm,也就是 1 W;二是改善阻抗匹配,减小测量的不确定度。合适的衰减器设置可以抑制频谱仪自身的非线性，通过调节衰减器使输入信号的功率达到混频器的最佳输入电平点，对应了混频器的最佳动态范围。此外，衰减器的一个隐藏技能就是能够识别仪器自身产生的虚假信号(也可以称为伪信号)。如果频谱仪内置衰减器的衰减值发生改变，而频谱仪上信号的峰值也随之改变，则此频点信号就是频谱仪自身产生的伪信号；如果此频点信号峰值不随内置衰减器的衰减值改变，仅仅是频谱仪的噪底发生改变，则此信号是真实的输入信号。

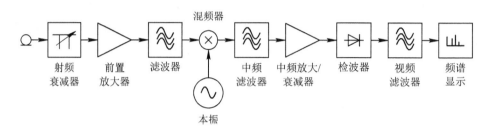

图 5.2　扫频式频谱分析仪的基本结构

在衰减器之后，通常还有一个前置放大器，它的作用是对小信号进行低噪声放大，以增加频谱分析仪的动态范围，提高测量灵敏度。

混频器之前的滤波器用来抑制镜像。混频器输出信号包含各种频率分量，即 n 倍的本振频率 f_{LO} 和 m 倍的射频频率 f_{RF} 相加的频率，如公式(5.8)所示，然后通过中频滤波器选择最终的中频频率 f_{IF}。

$$f_{IF} = \pm nf_{LO} \pm mf_{RF} \tag{5.8}$$

频谱仪采用混频器需要考虑镜像信号的抑制。混频器的频率算法使中频频率(f_{IF})等于本振频率(f_{LO})及其谐波与输入信号频率(f_{RF})及其谐波的和差关系。若公式中本振和射频的谐波次数(也就是 n 和 m)均等于 1，则输出就是基波，这样的混频方式称为基波混频。基波混频的优点是动态范围大、损耗小。

射频输入信号的频谱是扫描测量的，通过固定中频观察还原完整的频谱图。当输入中频滤波器的信号频率是 f_{IF} 的时候，有 $f_{IF} = f_{LO} - f_{RF}$。此时，镜像频率($f_{IM} = f_{LO} + f_{IF}$)处产生的混频信号($f_{IF} = f_{IM} - f_{LO}$)也将通过中频滤波器。

从图 5.3(a)可以看出，射频、本振和镜像混叠一起，无法通过滤波的方式来抑制镜像。为了避免镜像频点 f_{IM} 处的信号影响频谱测量的结果，采用在混频器之前加滤波器的方式来抑制镜像。在低频段(一般在 8 GHz 以下)通常采用高中频和低通滤波的方式来实现，即在混频器前加低通滤波器，其频率通常覆盖输入射频信号的频率范围($f_{RF_{min}} \sim f_{RF_{max}}$)，而本振信号的频率范围($f_{LO_{min}} \sim f_{LO_{max}}$)高于输入射频信号频率范围，且使得混频后中频信号的频率(f_{LF})高于输入射频信号的频率。由于此时镜像信号的频率范围远高于输入射频信号的频率范围，因此通过混频器之前的低通过滤器即可消除镜像信号的影响，如图 5.3(b)所示。对于频率在 8 GHz 以上的输入信号，可以采用带通可调谐滤波器来抑制镜像。由于带通可调谐滤波器带内的频响不平坦，所以对于频率较低的射频信号仍采用高中频加低通滤波器方式。

混频器是频谱仪射频前端的核心部件。通过本振的扫描，可以将外部输入的信号频率转化为固定中频进行分析, 即 $f_{IF} = (f_{LO_{min}} \sim f_{LO_{max}}) - (f_{RF_{min}} \sim f_{RF_{max}})$。

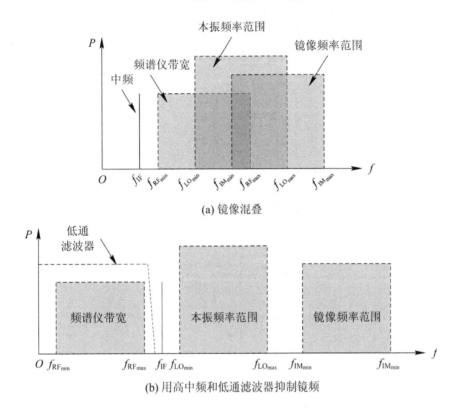

(a) 镜像混叠

(b) 用高中频和低通滤波器抑制镜频

图 5.3 频谱仪的镜像频率抑制

一个射频单载波信号的理论谱线应该是一条没有宽度的垂直直线, 如图 5.4 所示的虚线, 而实际在频谱仪中观察到的单载波信号是一个有带宽的高斯曲线。这是因为在频域上, 中频滤波器和输入的单载波信号的频率位置发生相对变化, 单载波信号受到中频滤波器通带频响曲线的限制, 使得最终显示的波形与中频滤波器的波形完全相同。这里中频滤波器带宽就是通常所说的频谱分析仪分辨率带宽(RBW), 与滤波器带宽定义类似, 频谱仪分辨率带宽也按照 $-3\,\text{dB}$ 定义。在中频滤波器频响曲线上, 参考中心频点的最高值两侧幅度下降 $3\,\text{dB}$ 对应的频率宽度即为 $-3\,\text{dB}$ 带宽。

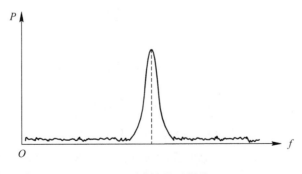

图 5.4 单载波信号谱线

中频放大/衰减器对获得的中频信号进行适当的放大或衰减, 以便保持一定的功率, 满足检波器的检波要求。

模拟中频信号经过包络检波输出峰值包络，也就是视频信号。视频信号经 ADC 转换为数字信号，经数字式视频滤波，进行数字检波运算，如图 5.5 所示。

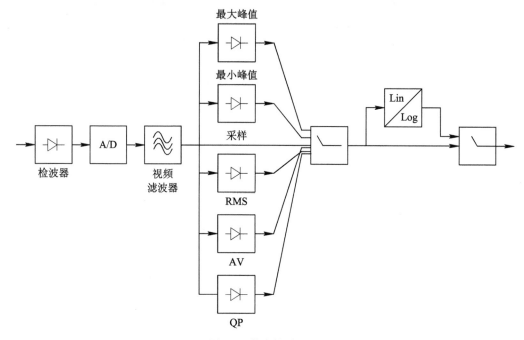

图 5.5　数字检波方式

数字检波方式分为峰值、采样、RMS、平均值和准峰值检波等。数字检波器实际上是通过一些特定的计算公式，在一个测试频点的测试时间之内，对中频包络采样值进行计算。一个测试频点对应一组采样值。

(1) 最大峰值(MaxPeak)检波：取采样值中的最大值。

(2) 最小峰值(MinPeak)检波：取采样值中的最小值。

(3) 采样(Sample)检波：对中频信号包络的 n 个采样点，只抽取第一个点作为显示像素点。

(4) 有效值(RMS)检波：对采样值进行均方根运算，结果为对应频宽内信号的功率，此时包络的采样值要求为线性刻度：

$$U_{RMS} = \sqrt{\frac{1}{N}\sum_{i=1}^{N} u_i^2} \tag{5.9}$$

(5) 平均值(AV)检波：计算所有采样点的算术线性平均值：

$$U_{AV} = \frac{1}{N}\sum_{i=1}^{N} u_i \tag{5.10}$$

(6) 准峰值(QP)检波：依据 EMC 标准规定的检测方法，只有 EMI 测试时才用。

视频滤波器位于检波器之后，它的作用是使信号显示变得平滑。视频滤波器是一个低通滤波器，其带宽表示为 VBW(Video Band Width，视频带宽)。VBW 越小，显示曲线的起伏变化越平坦。现代频谱仪中的视频滤波器通常采用数字低通滤波器，显示效果与多次平均的效果类似。

5.2.2 主要性能指标

频谱分析仪的主要性能指标包括频率范围、幅度范围、分辨率带宽等。

(1) 频率范围：频谱分析仪工作的频率区间。现代频谱分析仪的频率范围通常在 1 Hz～300 GHz 之间，多数在 9 kHz～3 GHz 之间。

(2) 幅度范围：频谱分析仪允许输入信号的功率范围。当输入信号功率大于频谱分析仪最大允许输入功率时，有可能造成频谱分析仪的损坏。当输入信号功率小于频谱分析仪最小允许输入功率时，则将淹没在频谱分析仪的本底噪声中，无法测量和观察。

(3) 分辨率带宽：频谱分析仪能够区分的相邻两条谱线之间的频率间隔。早期频谱分析仪以模拟中频滤波器为主，最小分辨率通常在 10～100 Hz 之间。现代频谱分析仪以数字中频滤波器为主，最小分辨率可达 1 Hz。

此外，频谱分析仪的性能指标还包括显示平均噪声电平、相位噪声、电平测量不确定度、跟踪源特性、扫描时间、输入衰减器、触发模式、测量功能、外部接口等。

5.2.3 使用前的校准

现代频谱分析仪在开机预热阶段，自动完成校准。在这些频谱分析仪内部配置有高精度信号源，频谱分析仪在开机过程中，对全频谱范围内的信号进行自动测量，记录测量偏差，并作为使用过程中的校准数据。

当频谱分析仪测量参数存在明显误差时，需要进行外部校准。外部校准需要一个指标覆盖频谱分析仪信号范围且经过校准的标准信号源设备对所用频谱分析仪进行校准，通常标准信号源设备的计量等级应高于被校准的频谱分析仪。

5.3 功 能 与 设 置

5.3.1 频率和扫宽的设置

频谱分析仪频率和扫宽设置的相关术语如下：

(1) 起始频率(Start Freq)：频谱扫描范围的起始频点。

(2) 终止频率(Stop Freq)：频谱扫描范围的终止频点。

(3) 中心频率(Center Freq)：频谱扫描范围的中心频点。

(4) 扫宽(Span)：频谱扫描的频谱宽度。

(5) 全扫宽(Full Span)：覆盖整个调谐范围的频率跨度。

(6) 零扫宽(Zero Span)：本振保持在给定的频率上，此时频谱分析仪变成一个固定调谐接收机。

通常频谱分析仪屏幕显示的频率范围即频谱分析仪的频率扫描范围，也就是使用者需要测量的频率范围。一般有两种设置方法：

(1) 起始频率—终止频率：例如设置起始频率为 100 MHz，终止频率为 300 MHz，则扫宽为 300 MHz − 100 MHz = 200 MHz。

(2) 中心频率 ±1/2 扫宽：例如设置中心频率为 200 MHz，扫宽为 100 MHz，则起始频率和终止频率分别为 150 MHz 和 250 MHz。

频谱分析仪屏幕的水平显示通常分为 10 格，每格为 Span/10。

图 5.6 和图 5.7 所示分别为频谱分析仪全扫宽和零扫宽时的显示，扫宽见图中右下角所示，图中被测信号为一个 −10 dBm@1.8 GHz 的信号，在零扫宽模式下，当频谱分析仪扫描中心频率与被测信号频率相同时，如图 5.7(a)所示，显示迹线为一条近似水平的迹线，其幅值为信号的功率，当扫描中心频率与被测信号频率不同时，如图 5.7(b)所示，显示底噪迹线。

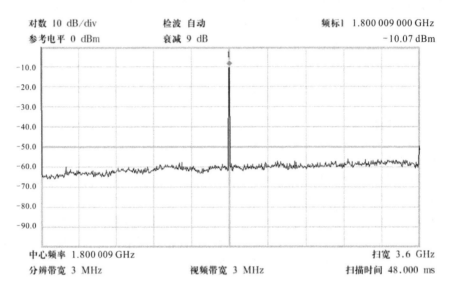

图 5.6　频谱分析仪全扫宽

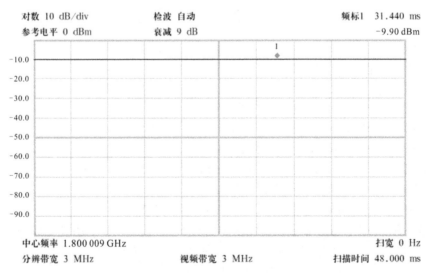

(a) 扫描中心频率与被测信号频率相同时

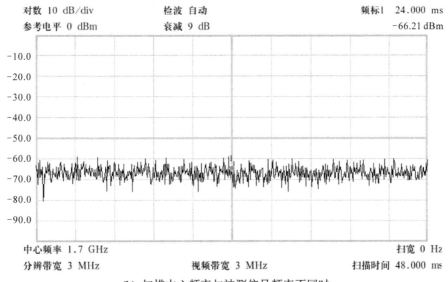

对数 10 dB/div　　　　　　检波 自动　　　　　　频标1　24.000 ms
参考电平 0 dBm　　　　　　衰减 9 dB　　　　　　　　　　　−66.21 dBm

中心频率 1.7 GHz　　　　　　　　　　　　　　　　扫宽 0 Hz
分辨带宽 3 MHz　　　　　　视频带宽 3 MHz　　　　扫描时间 48.000 ms

(b) 扫描中心频率与被测信号频率不同时

图 5.7　频谱分析仪零扫宽

5.3.2　带宽和底噪的设置

频谱分析仪带宽和底噪设置的相关术语如下：

(1) 分辨率带宽(Resolution Bandwidth，RBW)：频谱分析仪的中频滤波器的带宽。分辨率带宽代表了频谱分析仪将两个频率相近信号分辨出来的能力。

(2) 视频带宽(Video Bandwidth，VBW)：频谱分析仪的视频电路中可调低通滤波器的带宽。视频滤波器位于检波器之后，用于对轨迹进行平滑或平均，通常视频带宽等于分辨率带宽。

(3) 底噪(Noise Floor)：全称为本底噪声或噪声基底，是指在没有外部信号输入时，频谱分析仪的底部噪声。底噪代表了频谱分析仪能够测量的最小信号，底噪与分辨率带宽有关，分辨率带宽越小，底噪越低，因此对于小信号测量，应尽可能减小分辨率带宽。

(4) 扫描点数(Sweep Points)：频谱分析仪在频谱扫描范围内进行一次完整扫描的点数，一般为奇数，如 1001、2001 等。扫描点数越多，测量的结果就越精细。

(5) 扫描时间(Sweep Time)：频谱分析仪完成一次频谱扫描所需的时间，由扫宽、分辨率带宽、扫描点数等共同决定。扫宽越大，分辨率带宽越小，扫描点数就越多，扫描时间也就越长，反之则越短。

频谱分析仪在使用过程中，为了使迹线刷新率保持在适当的频率，分辨率带宽、视频带宽通常随扫宽自动调节，例如当扫宽为 3 GHz 时，分辨率带宽自动设置为 10 MHz，而当扫宽为 10 MHz 时，分辨率带宽则自动设置为 100 kHz。视频带宽通常与分辨率带宽相等，与之随动。

扫描点数和扫描时间一般不手动设置，该参数通常也随扫宽自动调节，当分辨率带宽调小时，扫描点数和扫描时间将随之增加，同时底噪将随之降低。

分辨率带宽影响着信号/频谱分析仪底噪，但对测量的连续波信号的电平没有影响。噪声减小量和分辨率带宽之间的关系可以由下面公式来表述：

$$\Delta L = 10 \lg \frac{\text{RBW}_1}{\text{RBW}_2} \tag{5.11}$$

其中：L 为底噪变化量，单位 dB；RBW_1、RBW_2 为不同的分辨率带宽，单位 Hz。所以当分辨率带宽减小 10 倍时，噪声基底下降 10 dB。

图 5.8 至图 5.10 所示分别为频谱分析仪在不同分辨率带宽时的信号测量结果，随着分辨率带宽的减小，底噪从 −75 dB 左右依次减小为 −80 dB、−90 dB 左右，同时扫描时间也随之增加。

在实际测量中，有以下两种情况需要减小频谱分析仪的分辨率带宽：

当信号的频点间隔小于分辨率带宽时，频谱分析仪无法分辨两个频点相近的信号，可通过减小分辨率带宽进行区分。当然，通过减小扫宽，分辨率带宽也将随之减小，因此也能实现同样的效果。

当信号的幅值低于频谱分析仪的底噪时，信号将淹没在底噪中，需要通过减小分辨率带宽，降低底噪的幅值，从而将信号从噪声中区分出来。

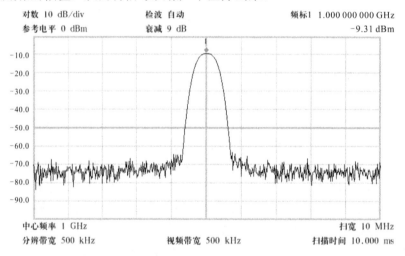

图 5.8　频谱分析仪测量结果(RBW = 500 kHz)

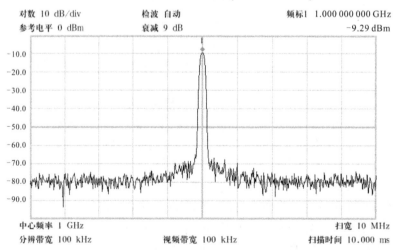

图 5.9　频谱分析仪测量结果(RBW = 100 kHz)

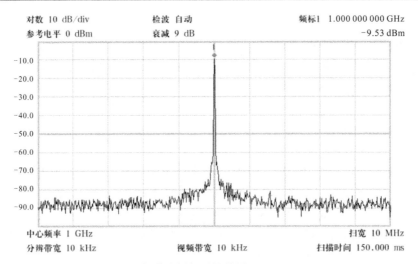

| 对数 10 dB/div | 检波 自动 | 频标1 1.000 000 000 GHz |
| 参考电平 0 dBm | 衰减 9 dB | −9.53 dBm |

中心频率 1 GHz 　　　　　　　　　　　　　扫宽 10 MHz
分辨带宽 10 kHz 　　　视频带宽 10 kHz 　　扫描时间 150.000 ms

图 5.10　频谱分析仪测量结果(RBW＝10 kHz)

与分辨率带宽极为接近的术语为视频带宽。视频带宽是指频谱分析仪中位于包络检波器之后的视频滤波器的带宽。这种滤波器也影响显示的噪声，但与分辨率带宽不同。在视频滤波器中，噪声的平均电平保持不变，但噪声的变化减小。因此，视频滤波器的作用是"平滑"信号的噪声。视频噪声不改善灵敏度，但在测量小功率信号时，可使迹线更加光滑，改善了识别能力，而代价是扫描时间随之增加。

与图 5.10 相比，当进一步将频谱分析仪的视频带宽减小为 500 Hz 时，可观察噪声迹线如图 5.11 所示，底噪的迹线更为平滑。

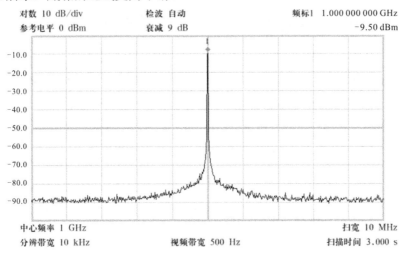

| 对数 10 dB/div | 检波 自动 | 频标1 1.000 000 000 GHz |
| 参考电平 0 dBm | 衰减 9 dB | −9.50 dBm |

中心频率 1 GHz 　　　　　　　　　　　　　扫宽 10 MHz
分辨带宽 10 kHz 　　　视频带宽 500 Hz 　　扫描时间 3.000 s

图 5.11　噪声迹线(VBM＝500 Hz)

5.3.3　输入衰减和参考电平的设置

频谱分析仪输入衰减和参考电平设置的相关术语如下：

(1) 输入衰减(Attenuation)：信号输入至频谱分析仪内第一混频器之前，仪器内部可调衰减器的衰减值。

(2) 刻度类型(Scale Type)：频谱分析仪显示电平值的单位类型，通常包括线性(V、W等)和对数(dBmW、dBV 等)两种类型。

(3) 参考电平(Reference Level)：频谱分析仪显示迹线区域最上方刻度线对应的电平值，一般为 0 dBm。

频谱分析仪输入衰减器的主要功能是将输入信号调节至最佳的功率范围，以保证后续的信号处理和测量达到最高的精度。输入衰减通常根据输入信号的强度自动调节，无需手动设置。

一般频谱分析仪的信号功率输入范围小于等于 30 dBm，个别能够达到 50 dBm。当输入信号功率超过频谱分析仪的输入范围时，极有可能造成频谱分析仪的损坏，因此在实施测量之前，务必确保信号输入功率不超过极限值。

图 5.12 至图 5.14 是不同衰减和参考电平参数组合下，用频谱分析仪测量一个 –10 dBm @1 GHz 信号的结果，本质上并无差异。

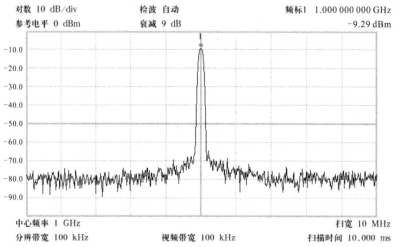

图 5.12　测量信号(输入衰减 = 9 dB，参考电平 = 0 dBm)

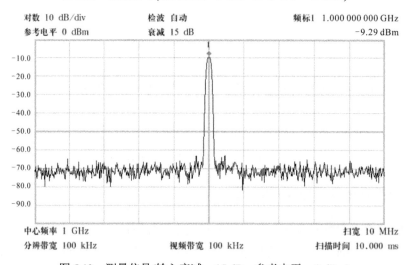

图 5.13　测量信号(输入衰减 = 15 dB，参考电平 = 0 dBm)

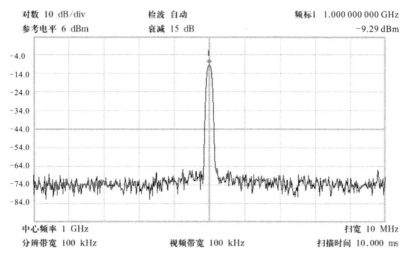

图 5.14 测量信号(输入衰减 = 15dB，参考电平 = 6dBm)

5.3.4 触发功能

频谱分析仪触发功能的相关术语如下：

(1) 触发电平(Trigger Level)：一般指视频触发电平。当频谱分析仪输入信号的电平超过该触发电平时，频谱分析仪完成一次频谱扫描。

(2) 外部触发(External Trigger)：频谱分析仪以外部信号的特征作为触发信号，完成一次频谱扫描，通常包括上升沿触发和下降沿触发两种。

与示波器的触发功能类似，由于频谱分析仪的迹线显示通常为周期性刷新，因此对于一些瞬时信号的显示，将淹没在不断更新的迹线中，不便于观察。为了更好地捕获特定时刻的瞬时信号，可以使用信号相关的外部触发，锁定该时刻的迹线显示，以便捕获信号参数。

图 5.15 所示为用频谱分析仪测量一个 −10 dBm@1 GHz 的信号时，设置频谱分析仪的内部视频触发电平为 −20 dBm 时的测量结果，捕获信号后，迹线将停止刷新，直至启动下一次触发。

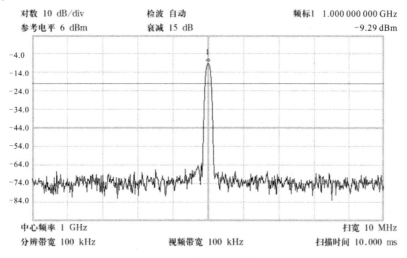

图 5.15 触发功能测量信号

5.3.5 检波功能

频谱分析仪检波功能的相关术语如下：

(1) 检波器(Detector)：在频谱分析仪内部，检波器通常位于视频滤波器之后，用于检测信号的电平。它对于迹线上的每个显示点，一般进行多次采样，获得一组信号数据。

(2) 正态(Normal)：对每组信号进行正态分布处理，作为检波结果，也称标准检波或 rosenfell 检波。一般在迹线奇数号点显示采样数据的最小值，在偶数号点显示采样数据的最大值。使用正态检波可直观地观察信号的幅度变化范围。

(3) 正峰(Positive Peak)：取每组信号中所有数据的最大电平值作为检波结果。

(4) 负峰(Negative Peak)：取每组信号中所有数据的最小电平值作为检波结果。

(5) 采样(Sample)：或称取样、抽样，通常取每组信号的第一个瞬时电平值作为检波结果。

(6) 有效值(RMS)：取每组信号中所有数据的均方根值作为检波结果。

(7) 准峰值(QP)：准峰值检波是峰值检波的一种加权形式，准峰值检波适用于 EMI 测试。

(8) 平均值(Average)：取每组信号的所有数据的算术平均值作为检波结果。

峰值检波适用于从噪声中定位连续波信号，取样检波适用于测量噪声，而既要观察信号又要观察噪声时宜采用正态检波。

图 5.16 至图 5.23 所示为各种检波方式下用频谱分析仪对测量的 −10 dBm@1GHz 信号的迹线。

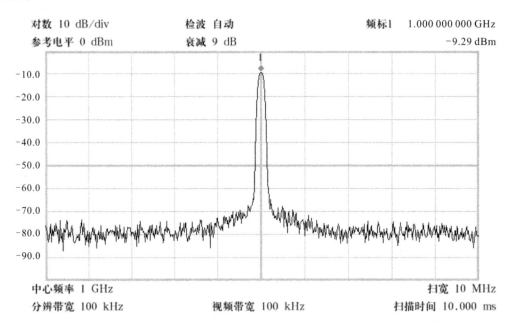

图 5.16　自动检波方式下信号的迹线

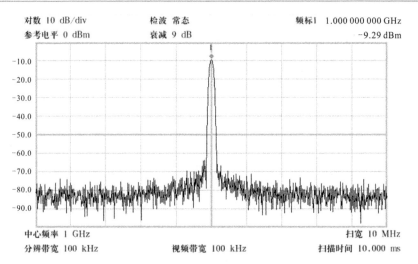

图 5.17　常态检波方式下信号的迹线

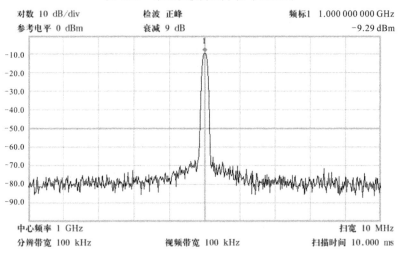

图 5.18　正峰检波方式下信号的迹线

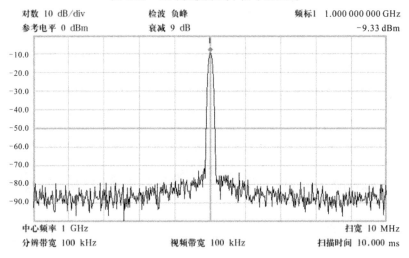

图 5.19　负峰检波方式下信号的迹线

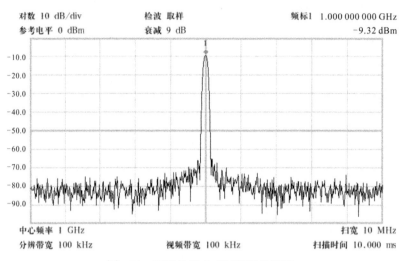

图 5.20 采样检波方式下信号的迹线

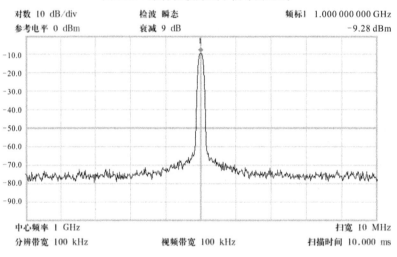

图 5.21 瞬态检波方式下信号的迹线

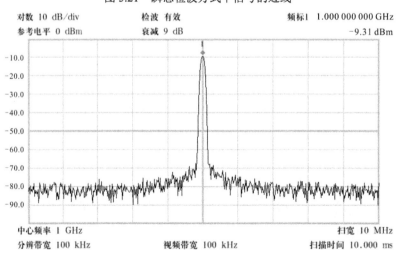

图 5.22 有效值检波方式下信号的迹线

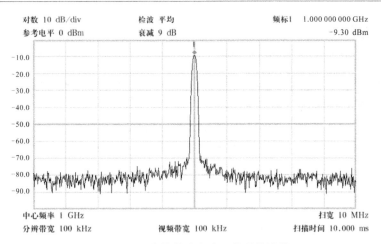

图 5.23 平均值检波方式下信号的迹线

5.3.6 迹线功能

频谱分析仪迹线功能的相关术语如下：

(1) 迹线(Trace)：频谱分析仪屏幕上显示扫宽内信号频谱特征的轨迹。

(2) 最大保持：频谱分析仪对于扫宽内的各个频点，仅保持信号电平最高时的数值并绘制成显示迹线。

(3) 最小保持：频谱分析仪对于扫宽内的各个频点，仅保持信号电平最低时的数值并绘制成显示迹线。

(4) 迹线运算：一般包括加/减运算，如 Trace1 − Trace2、Trace1 + Trace2、Trace1 + Offset、Trace1 − Offset、Trace1 − Trace2 + Ref 等。

迹线对应于信号在当前扫描时间内的幅值，而最大保持和最小保持分别为从扫描开始至当前时刻信号的最大和最小幅值。

图 5.24 中的三条迹线从上至下依次为最大保持、实时迹线和最小保持。

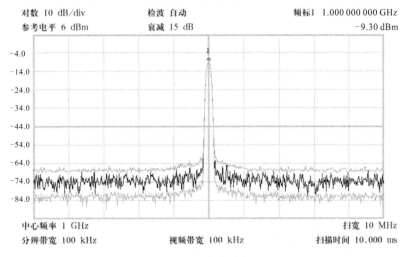

图 5.24 迹线功能

5.3.7 标记功能

频谱分析仪标记功能的相关术语如下：

(1) 标记(Marker)：也称为光标，是指频谱分析仪显示迹线上特定位置的标记。

(2) 差值：标记参数值之间的差，如频率差和电平差。

频谱分析仪的标记功能可用来标识频谱分析仪的扫描频率范围内若干点的参数，并可列表显示，用来标识和比较各个频点的参数，如图5.25所示。

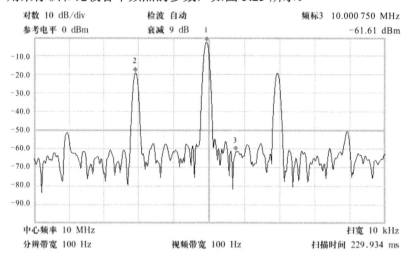

图 5.25　标记功能

此外标记功能还可以用来测量信号的频标噪声，如图5.26所示。

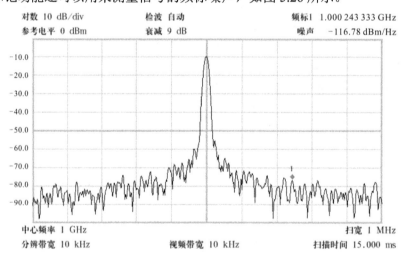

图 5.26　信号频标噪声(标记功能)

5.3.8 测量功能

不同品牌型号的频谱分析仪通常具有多种测量(Measurement)功能，如信道功率、占用带宽、邻道功率、载噪比、谐波失真、三阶互调等。

(1) 占用带宽(OBW)。占用带宽是指信道发射出来的能量所占用的频带宽度。在通信领域，信号的占用带宽是确定的，不能超过其确定的带宽范围，也就是不能占用其他通信产品的频谱资源。一般来说，信号占用带宽过大会导致自身信道功率超标，占用宽度过小会导致信道功率不足，从而实现不了产品的通信功能。

频谱分析仪首先计算出轨迹中所有信号响应的联合功率，然后按照设定比率(总功率的99%)计算出该部分功率所对应的频带宽度，并用两根竖线标记，99%的信号功率分布在两个竖线标记之间，1%的信号功率分布在竖线标记之外。竖线标记之间的频率差值就是占用99%信号功率的带宽。

图 5.27 所示为一占用带宽的测量结果，计算结果以列表的方式显示在迹线下方。在测量功能的参数菜单中，可以手动修改占用带宽的计算参数。

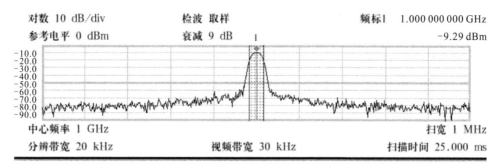

占用带宽	33.333 kHz	99.00%
起始频率	999.983333 MHz	-20.19 dBm
终止频率	1.000016667 GHz	-20.78 dBm

图 5.27　占用带宽测量结果

(2) 信道功率。在频谱分析仪中，信道功率是指主信道功率，即信号能量落在测量信道中的功率大小。图 5.28 所示为信道功率的测量结果，频谱分析仪自动计算信道功率为-9.12 dBm。在测量功能的参数菜单中，可以手动修改信道带宽。

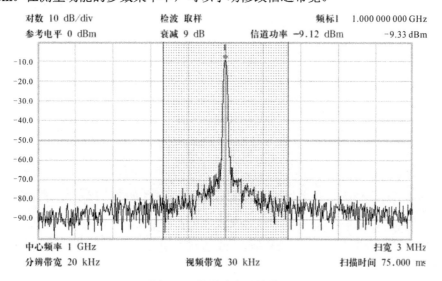

图 5.28　信道功率测量结果

(3) 邻道功率(Adjacent Channel Power，ACP)。邻道功率用于测量信号泄露至相邻信道的程度。如果有功率泄漏到相邻信道，则会影响通信质量，比如失真，或者是对其他信道造成干扰。邻道功率的测量通常仅考察上下各三个相邻信道，图 5.29 所示为频谱分析仪邻道功率的测量结果，计算结果以列表的方式显示在迹线下方。在频谱分析仪测量功能的参数菜单中，可以手动修改信道带宽、信道间隔和显示的信道个数。

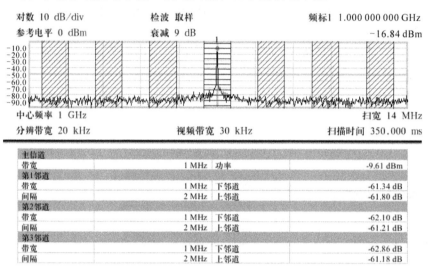

主信道			
带宽	1 MHz	功率	-9.61 dBm
第1邻道			
带宽	1 MHz	下邻道	-61.34 dB
间隔	2 MHz	上邻道	-61.80 dB
第2邻道			
带宽	1 MHz	下邻道	-62.10 dB
间隔	2 MHz	上邻道	-61.21 dB
第3邻道			
带宽	1 MHz	下邻道	-62.86 dB
间隔	2 MHz	上邻道	-61.18 dB

图 5.29　邻道功率测量结果

图 5.30 所示为频谱分析仪瀑布图(也称为时间频谱)显示方式，瀑布图显示在迹线下方，其刻度单位为 s。瀑布图采用不同的颜色表示信号幅度的大小，从小到大依次是"蓝、青、绿、黄、橙、红"，与常见热力图的颜色含义类似。需要说明的是，为阅读方便，图 5.30以及本书大多数测量画面，均经过了反色处理。瀑布图对于观察扫宽内信号频谱的变化情况，如多普勒频移等尤其有用。

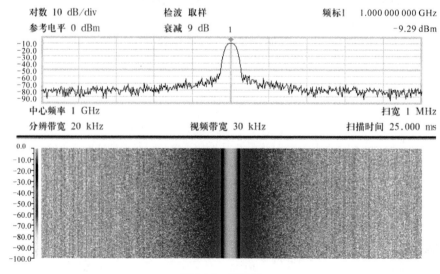

图 5.30　瀑布图

5.3.9 解调功能

部分品牌型号的频谱分析仪具有解调功能，如音频解调和数字解调，包括 AM、FM、FMW 等，例如使用频谱分析仪收听 FM 广播。

5.4 测 量 实 例

5.4.1 频率相近信号的测量

信号分辨能力是由频谱分析仪的分辨率带宽(RBW)决定的，频谱分析仪显示的信号波形近似于频谱分析仪的内部中频带通滤波器的形状。因此，当频谱分析仪接收到两个频率相距很近的信号时，就会出现扫描出的一个信号(带通滤波器)波形覆盖了另一个信号的情形，从而使两个信号看起来像一个信号。如果两个信号频率接近且不等幅时，则有可能出现小信号被大信号淹没的现象。

1. 幅度相近信号

通常要分辨两个频率接近的信号，频谱分析仪的分辨率带宽必须小于等于两个信号的频率间隔。例如要分辨两个相距 100 kHz 的信号，频谱分析仪的分辨率带宽应该设置为小于 100 kHz。

测量两个频率分别为 10 MHz 和 10.1 MHz、幅值均为 −13 dBm 的信号时，调节频谱分析仪的中心频率和扫宽，当频谱分析仪的分辨率带宽为 100 kHz 时的迹线显示如图 5.31 所示，此时由于频谱分析仪的分辨率带宽的宽度覆盖了两个信号，因此看上去似乎只有一个信号，故此时的测量结果是错误的。

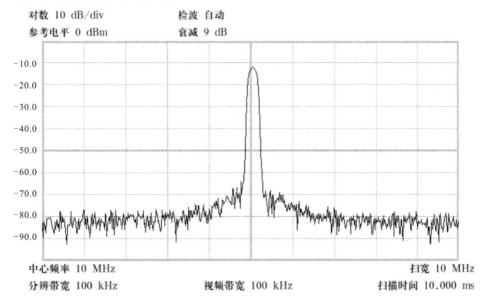

图 5.31 分辨率带宽为 100 kHz 时的测量结果

进一步减小频谱分析仪的分辨率带宽,当其值等于 50 kHz 时的迹线显示如图 5.32 所示,此时可以看到信号顶部有凹陷或变得平坦,这就意味着实际信号可能不止一个。

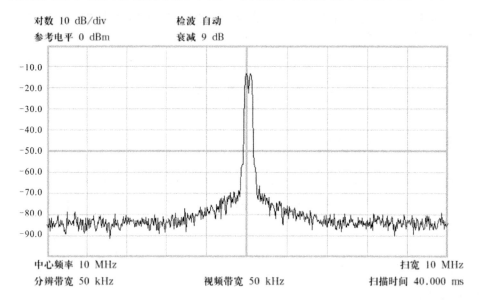

图 5.32　分辨率带宽为 50 kHz 时的测量结果

继续减小频谱分析仪的分辨率带宽,当其值等于 10 kHz 时,迹线显示如图 5.33 所示,此时可以看到两个信号被完全区分开来。

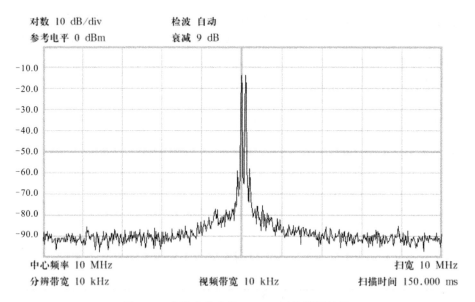

图 5.33　分辨率带宽为 10 kHz 时的测量结果

如果再继续减小频谱分析仪的分辨率带宽,两个信号将显示得更清楚,但扫描时间将进一步增加。

2. 幅度悬殊信号

要分辨两个不等幅信号,频谱分析仪的分辨率带宽必须等于或小于两个信号的频率间隔，这一点与分辨两个等幅信号相同。然而，分辨两个不等幅信号，不仅仅取决于频谱分析仪的分辨率带宽与信号频率差的关系，同时也取决于中频滤波器的矩形系数。

中频滤波器的矩形系数含义如图 5.34 所示。

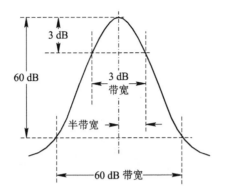

图 5.34　中频滤波器的矩形系数

矩形系数定义为中频滤波器的 60 dB 带宽与 3 dB 带宽之比，大多数频谱分析仪在 4∶1 左右。当小信号落在大信号的 3 dB 带宽之外，但位于 60 dB 带宽之内时，仍有可能被大信号淹没。例如当频谱分析仪的分辨率带宽(3 dB 带宽)为 50 kHz 时，60 dB 带宽则为 200 kHz 左右，若信号频率相差小于 200 kHz，且信号幅度差大于 60 dB，则小信号将淹没在大信号中。

以测试实例进行说明，对于两个频率分别为 10 MHz、10.1 MHz 且幅度分别为 −15 dBm 和 −53 dBm 的信号，调节频谱分析仪的中心频率和扫宽，当频谱分析仪的分辨率带宽为 50 kHz 时的信号迹线显示如图 5.35 所示，此时大信号清晰可见，但小信号被淹没了。

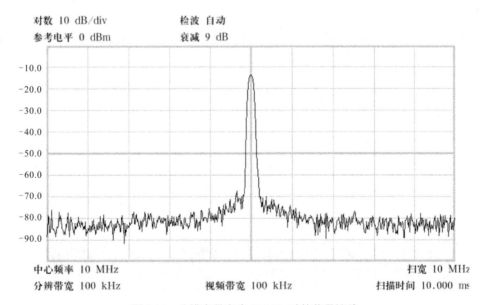

图 5.35　分辨率带宽为 50 kHz 时的信号迹线

减小频谱分析仪的分辨率带宽，当其值等于 10 kHz 时，迹线显示如图 5.36 所示，此时可以看到两个信号被完全区分开来。

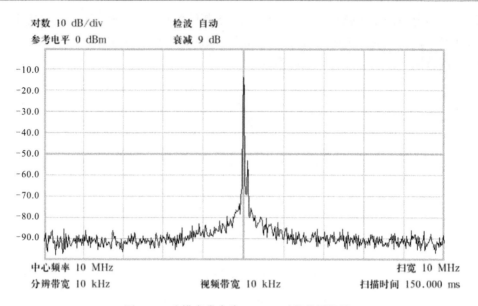

图 5.36　分辨率带宽为 10 kHz 时的信号迹线

5.4.2　小信号的测量

当信号的幅值较小(如小于 −80 dB)时，常规设置下频谱分析仪是无法分辨信号的，因为信号被淹没在本底噪声中，故对于小信号的测量，通常有以下几种方式：

1. 减小分辨率带宽测量小信号

当分辨率带宽减小时，频谱分析仪的本底噪声也随之减小，此时可以将信号从噪声中凸显出来。

例如对于一个频率为 10 MHz、幅度为 −75 dBm 的信号，当频谱分析仪的分辨率带宽为 1 MHz 时的测量结果如图 5.37 所示。

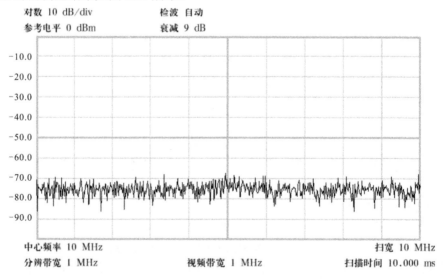

图 5.37　分辨率带宽为 1 MHz 时的测量结果

由于此时频谱分析仪的噪声基底约为 −70 dBm，大于信号的幅度，因此信号被淹没。当频谱分析仪的分辨率带宽减小为 10 kHz 时，其噪声基底接近 −90 dBm，如图 5.38 所示，此时小信号就被凸显出来了。

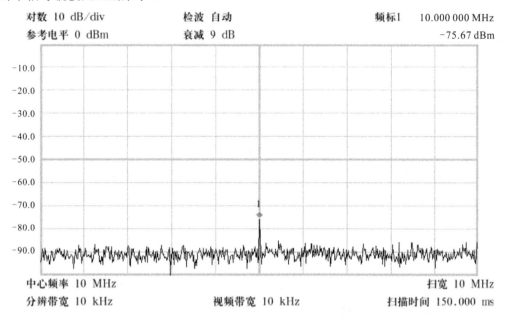

图 5.38　分辨率带宽为 10 kHz 时的测量结果

2. 使用平均值检波来测量小信号

当频谱分析仪采用平均值检波方式时，可以平滑噪声迹线，因此可以得到更低的噪声基底，从而提高信号的可见度，频谱分析仪常态检波时的测量结果如图 5.39 所示，平均值检波时的测量结果如图 5.40 所示。

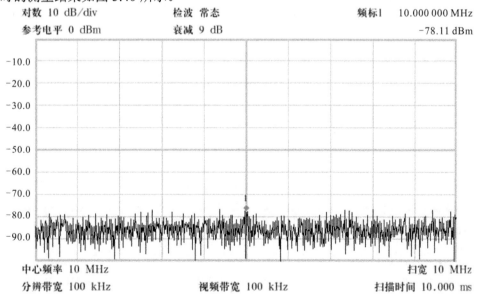

图 5.39　常态检波时的测量结果

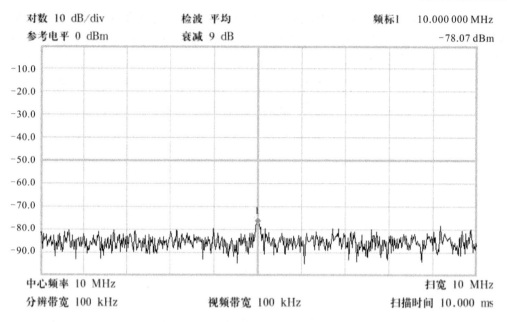

图 5.40　平均值检波时的测量结果

适当增加平均值检波的平均次数，能够更好地检测出小信号，但显示时间也随之增加。

3. 使用视频平均测量小信号

视频平均是采用数字处理的方法对频谱分析仪多次扫描得到的迹线进行平均运算，其工作原理不同于平均值检波，但也能降低频谱分析仪噪声基底。图 5.41、图 5.42 所示为频谱分析仪在视频滤波器带宽分别为 100 kHz 和 10 kHz 时的测量结果，可见频谱分析仪随着视频滤波器带宽的减小，噪声基底明显降低，从而提高信号的可见度。

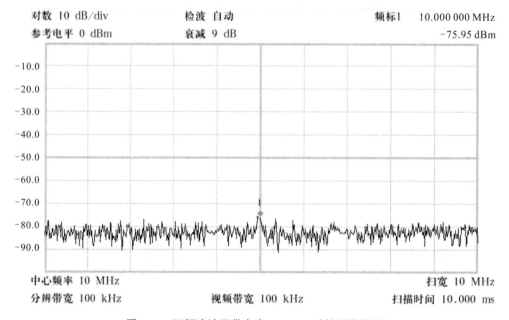

图 5.41　视频滤波器带宽为 100 kHz 时的测量结果

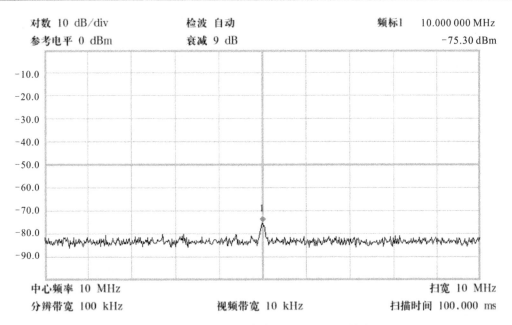

图 5.42 视频滤波器带宽为 10 kHz 时的测量结果

4. 使用前置放大器测量小信号

如果以上方法及其综合使用仍不能检测出小信号，则需要使用前置放大器的方式对小信号进行放大。有些型号的频谱分析仪，具有前置放大功能，通常作为选件配置。打开前置放大器，能够将小信号功率提高数 10 dB，从而实现小信号的测量。当然，也可以采用外置低噪声放大器的方式。

5.4.3 调制信号的测量

调制信号的类型有很多，常见的模拟调制方式有 AM、FM，数字调制方式有 ASK、FSK、PSK、DPSK、QPSK、8PSK、16PSK、QAM、MSK 等，此处以 AM、FM、FSK 为例说明调制信号的测量。

1. AM 调制信号

以单音调幅信号为例，用频谱分析仪测得已调信号的频谱如图 5.43 所示。在测量信号时，频谱分析仪的中心频率应与信号的载波频率一致，分辨率带宽小于调制信号的频率(如 1/20)，扫宽约为调制频率的 5 倍，这样才能将信号迹线较好地显示在屏幕中。

调制深度计算如下：

$$m = 2 \times 10^{\frac{P_S - P_C}{20}} \tag{5.12}$$

其中：P_S 为上边带或下边带的功率，单位为 dBm；P_C 为载波功率，单位为 dBm。

图 5.43 中标记 1 的参数为 −6.12 dBm@9.999 950 MHz，标记 2 的参数为 −22.49 dBm @9.997950 MHz，根据幅度调制的原理与公式，可计算如下：

载波频率 = 9.999 950 MHz

$$调制速率 = 9.999\,950\ \text{MHz} - 9.997\,950\ \text{MHz} = 2\ \text{kHz}$$

$$调制深度 = 2 \times 10^{\frac{-22.49+6.12}{20}} = 30.37\%$$

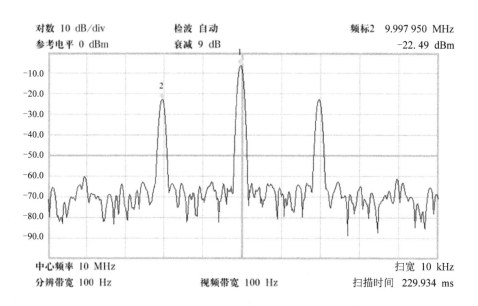

图 5.43　AM 调制信号的频谱

2. FM 调制信号

以单音调频信号为例，测得已调信号的频谱如图 5.44 所示。在测量信号时，频谱分析仪的中心频率应与信号的载波频率一致，扫宽约为调制频率的 5 倍，这样才能将信号迹线较好地显示在屏幕中。

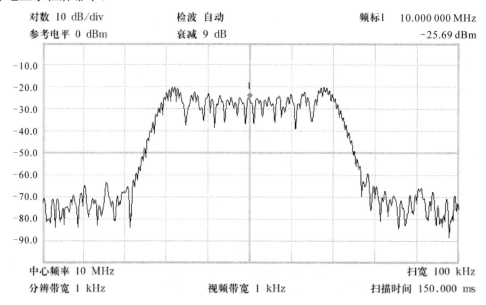

图 5.44　FM 调制信号的频谱

图 5.44 中扫宽为 100 kHz，水平方向为 10 格，迹线宽度约为 4 格，根据频率调制的原理与公式，可计算如下：

$$载波频率 = 10 \, \text{MHz}$$

$$调制频偏 \approx \frac{100 \, \text{kHz}}{10} \times \frac{4}{2} = 20 \, \text{kHz}$$

3. FSK 调制信号

以 FSK 调制信号为例，测得已调信号的频谱如图 5.45 所示。

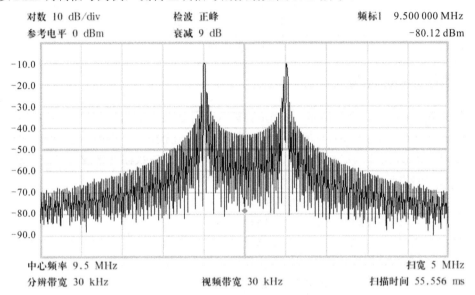

图 5.45　FSK 调制信号的频谱

为了更好地读取所需参数，可以将迹线更新方式修改为最大保持，并用标记功能标识两个极值点。经过较长的时间后，迹线显示如图 5.46 所示。

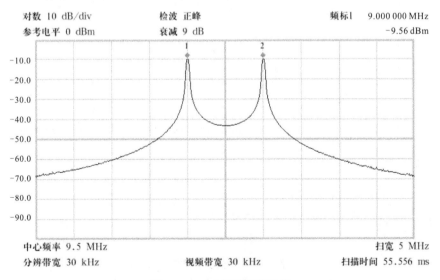

图 5.46　FSK 调制信号迹线

图 5.46 中频标 1 的频率为 9 MHz，频标 2 的频率为 10 MHz，功率均为 −9.56 dBm 左右，根据 FSK 调制的原理与公式，可计算如下：

$$载波频率 = \frac{9\ \text{MHz} + 10\ \text{MHz}}{2} = 9.5\ \text{MHz}$$

$$载波功率 = -9.56\ \text{dBm}$$

$$调制频偏 = 10\ \text{MHz} - 9.5\ \text{MHz} = 9.5\ \text{MHz} - 9\ \text{MHz} = 0.5\ \text{MHz}$$

需要说明的是，某些高级示波器具有信号解调功能，当设置对应的解调参数后，可获得信号的时域波形，根据时域波形的测量结果和已知的调试方式及调制信号，通过时域计算的方法可以获得相关的调制参数，这里不再示例。

5.4.4 谐波失真的测量

谐波失真(Harmonic Distortion，HD)是指输入信号在器件输出处产生的倍频信号。谐波可以用输出功率或者输出功率与基波信号功率的比值来描述，常用单位为 dBc(与载波相比的功率)。谐波成分又分为二次谐波、三次谐波等。对于大多数器件来说，谐波的功率随着基波信号功率的增长而增加，随谐波次数的增加而减小。

例如用频谱分析仪测得信号迹线如图 5.47 所示，数值如下：

标记 1：−10.18 dBm@150 MHz，基波；

标记 2：−20.95 dBm@450 MHz，三次谐波；

标记 3：−23.71 dBm@750 MHz，五次谐波；

标记 4：−28.57 dBm@1050 MHz，七次谐波；

标记 5：−28.65 dBm@1350 MHz，九次谐波。

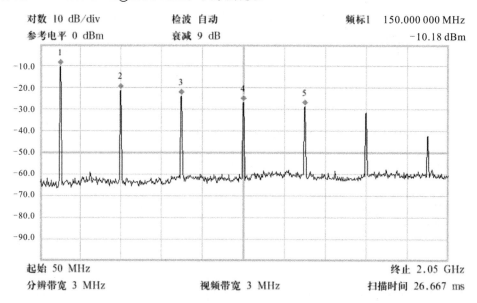

图 5.47 谐波失真的测量

由图 5.47 可见，奇次谐波的分量明显高于偶次谐波，图中除二次谐波可见外，其他偶次谐波均被淹没在噪声中；三次谐波(标记 2)的功率值为 −20.95 dBm；五次谐波(标记 3)的功率值为 −23.71 dBm；七次谐波(标记 4)的功率值为 −28.57 dBm；九次谐波(标记 5)的功率值为 −28.65 dBm。除以上谐波之外，还有十一次、十三次谐波等谐波分量。

需要说明的是，以上只是粗略测量，若需精确测量谐波失真，应按以下步骤操作：

(1) 将频谱分析仪垂直刻度单位类型变为 V，而非 dBm。

(2) 对各次谐波进行最高精度的测量，包括：

① 尽量减小频谱分析仪扫宽和分辨率带宽，尽量使谐波波形充满整个屏幕。

② 减小视频带宽来平滑噪声，以提高分辨率。

(3) 各次谐波的失真百分比计算为 $\dfrac{V_i}{V_1} \times 100\%$，其中 V_i 为 i 次谐波的幅值，V_1 为基波幅值。

(4) 计算总谐波失真为

$$总谐波失真 = \sum_{i=2}^{n} \frac{(V_i)^2}{V_1} \tag{5.13}$$

由于谐波次数的多样性，手动计算总谐波失真是一件非常繁琐的工作，而某些频谱分析仪具有自动功能，能够自动计算各次谐波及其幅度，并计算最终的总谐波失真百分比及其 dB 值。

5.4.5　三阶互调的测量

三阶互调(Third Order Intermodulation，TOI 或 3rd Order IMD)是指两个信号同时进入一个线性系统时，由于非线性因素使一个信号的二次谐波与另一个信号的基波发生差拍(混频)后所产生的寄生信号。

对于两个频率相距很近的信号，如两个相邻信道的基波信号 f_1 和 f_2，设 $f_1 < f_2$，$\Delta f = f_2 - f_1$。f_1 的二次谐波是 $2f_1$，它与 f_2 相互作用产生了寄生信号 $f_3 = 2f_1 - f_2 = f_1 - \Delta f$。由于一个信号是二次谐波(二阶信号)，另一个信号是基波信号(一阶信号)，它们俩合成为三阶信号。f_3 被称为三阶互调信号，它是在调制过程中产生的，又因为是两个信号的相互调制而产生的差拍信号，所以这个信号称为三阶互调失真信号(也称为 im3 信号)，产生这个信号的过程称为三阶互调失真。由于 f_1、f_2 信号频率比较接近，f_3 会干扰到原来的基带信号 f_1 和 f_2，这就是三阶互调干扰。同理，在 f_2 频点的右侧，也会有 $f_3 = 2f_2 - f_1 = f_2 + \Delta f$ 三阶互调失真信号，如图 5.48 所示。

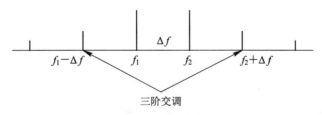

图 5.48　互调失真信号

既然会出现三阶互调，当然也有更高阶的互调，这些信号也会干扰原来的基带信号。但是，由于互调阶数越高，信号强度就越弱，所以三阶互调是主要的干扰。不论是有源还是无源器件，如放大器、混频器和滤波器等，都会产生三阶互调产物，这些互调产物会降低许多系统的性能。

对于互调信号的测量，如图 5.49 所示，一般步骤如下：

(1) 根据信号迹线，识别基波信号，如图 5.49 中标记 1、标记 2 所示。

(2) 根据基波信号，判断基波左、右的三次互调信号，如图 5.49 中标记 3、标记 4 所示。

(3) 分别精确测量基波信号、三阶互调信号的频率和功率。

计算三阶互调失真与基波信号的功率差(ΔdB_{im3})和互调截止点如下：

$$\Delta dB_{im3} = im3 \text{ 信号功率} - \text{基波信号功率} \tag{5.14}$$

$$\text{互调截止点} = \text{基波信号功率} - \frac{\Delta dB_{im3}}{2} \tag{5.15}$$

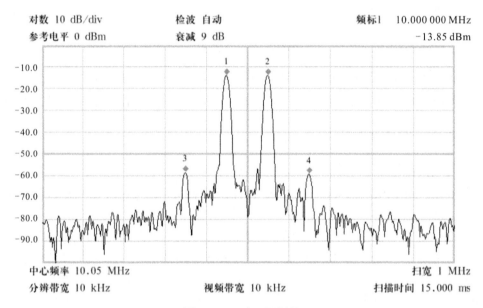

图 5.49 三阶互调测量

以失真分量电平与基波信号电平之比(以 dBc 或 dB 表示)规定系统的失真意义并不大，除非已知信号电平。截止点的概念可以用来规定并预先估计系统的失真电平，即三阶失真分量电平与基波信号电平之差是基波信号电平与互调截止点之差的两倍。

对于图 5.49 所示的测量结果，可计算功率差和互调截止点如表 5.1 所示。

表 5.1 三阶互调计算结果

信　号	频率/MHz	功率/dBm	功率差/dBc	互调截止点
低基频	10	−13.80	0	—
高基频	10.1	−13.81	0.01	—
低三阶互调	9.9	−59.13	−45.33	8.865
高三阶互调	10.2	−59.15	−45.35	8.875

公式(5.14)、公式(5.15)的计算中，基波信号功率一般取低频率的基波信号的功率。同时，针对低三阶互调和高三阶互调，分别有各自的功率差和互调截止点计算结果。

5.4.6 信道参数的测量

信道是指数据传输的通路，在无线通信中也称作通道或频段，是以无线信号作为传输载体的数据信号传输通道。

1. 信道带宽

对于信道参数的测量，首先需要确切知道信号的信道带宽，也就是信号积分的频率带宽。确定信道带宽通常有两种方式：一种方式是将系统设计性能指标中的信道带宽，作为已知的信道带宽；另一种方式是根据实际信号的频谱测量结果获得。这里仅说明第二种方式。

对于信道带宽的测量，一般频谱分析仪以信号功率数值的 99%作为信道判定的阈值，即对于带宽 $f_{Start}\sim f_{Stop}$，99%的信号功率落于此频率范围之内，仅有 1%的信号功率落于此频率范围之外。频谱分析仪根据设定的中心频率和扫宽进行自动测量，确定 f_{Start} 和 f_{Stop}，并以 $f_{Stop}-f_{Start}$ 作为信道带宽的测量结果。

用频谱分析仪测量信道带宽的一般操作步骤如下：

(1) 搜索被测信号的频率，并以此设置为频谱分析仪的中心频率。

(2) 根据被测信号的迹线显示，设定频谱分析仪合适的扫宽(一般大于等于被测信号大致带宽的两倍)。

(3) 选择频谱分析仪的测量功能(一般通过"Meas"按钮)，启用"占用带宽"(或"信道带宽"等)测量功能。

(4) 根据需要修改功率比，一般默认为 99%。

(5) 读取测量结果。

图 5.50 所示为某 FM 调制信号，图 5.51 所示为该信号占用带宽的测量结果，从图中可以看出，起始频率(f_{Start})为 9.9 MHz，终止频率(f_{Stop})为 10.1 MHz，占用带宽为 200 kHz。

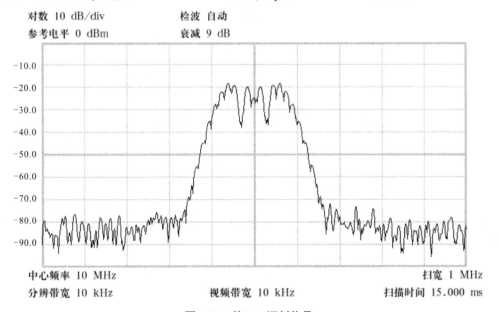

图 5.50 某 FM 调制信号

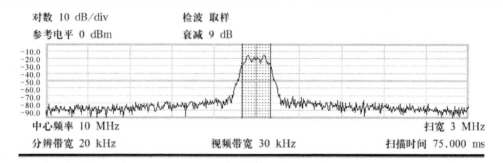

占用带宽	200 kHz	99.00%
起始频率	9.9 MHz	-26.92 dBm
终止频率	10.1 MHz	-28.36 dBm

图 5.51　某 FM 调制信号的占用带宽

2. 信道功率

信道功率是指被测信号在其频率带宽范围内的平均功率，一般将其规定为在所测频率带宽内信号的积分功率。因此，信道功率的测量必须确切知道信道的带宽。设定信道带宽后，选择频谱分析仪的"信道功率"(或"通道功率"等)测量功能，对图 5.50 中 FM 调制信号进行信道功率测量，设置信道带宽为 300 kHz，测量结果如图 5.52 所示。

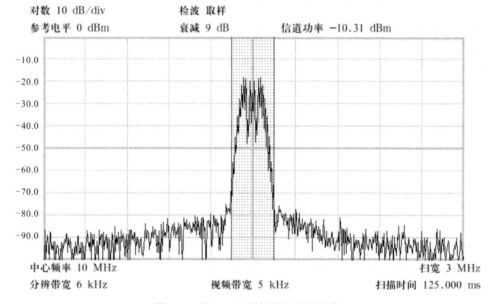

图 5.52　某 FM 调制信号的信道功率

由图 5.52 所示可见信道功率为 −10.31dBm。在得到信道功率后，可按公式(5.7)计算功率谱密度为

$$PSD = -10.31 - \lg 300000 \approx -15.79 \text{ dBm/Hz}$$

3. 邻道功率

邻道功率用于表示信号泄露至相邻信道的程度，如果有信号功率泄漏到相邻信道，则

会影响通信质量，比如失真，或者是对其他信道造成干扰。邻道功率的测量需要知道信道的相关参数，例如对于常见的 FM 广播信号，我国调频广播所使用的频段是 87～108 MHz，从 87～107.9 MHz 共划分 210 个频道，频道间隔为 100 kHz，频道宽度为 200 kHz，最大频偏为 75 kHz，最高调制信号频率为 15 kHz。

对图 5.50 中 FM 调制信号进行邻道功率测量，设置信道带宽为 300 kHz，信道间隔为 600 kHz，测量结果如图 5.53 所示。

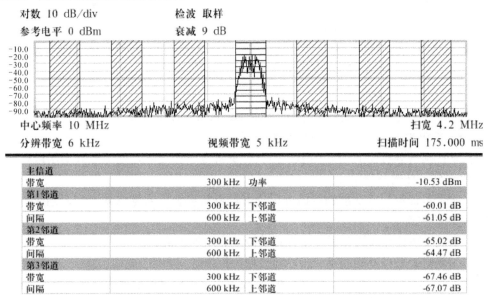

主信道			
带宽	300 kHz	功率	-10.53 dBm
第1邻道			
带宽	300 kHz	下邻道	-60.01 dB
间隔	600 kHz	上邻道	-61.05 dB
第2邻道			
带宽	300 kHz	下邻道	-65.02 dB
间隔	600 kHz	上邻道	-64.47 dB
第3邻道			
带宽	300 kHz	下邻道	-67.46 dB
间隔	600 kHz	上邻道	-67.07 dB

图 5.53　某 FM 调制信号的邻道功率

用频谱分析仪测得主信道功率为 -10.53 dBm，第 1 邻道功率为 -61.05～-60.01 dB，第 2 邻道功率为 -65.02～-64.47 dB，第 3 邻道功率为 -67.46～-67.07 dB。

5.4.7　噪声信号的测量

通信系统中通常用信噪比来表征噪声的大小，系统的噪声电平越大，信噪比越差，对调制信号解调的错误率就越高，系统的灵敏度也就越差。

信噪比(Signal-Noise Ratio，SNR)，又称为讯噪比，是指电子设备或系统中信号与噪声的比例，常用分贝数表示，计算公式为

$$\mathrm{SNR} = 10\lg\frac{P_\mathrm{S}}{N} \tag{5.16}$$

其中：P_S 为信号的有效功率；N 为噪声的有效功率。

一般来说，信噪比越大，说明信号混杂的噪声越小，信号的质量就越高，否则相反。在通信系统中，通常信噪比的测量也指载噪比的测量。一般系统要求信噪比不应低于 70 dB，某些系统甚至要求在 110 dB 以上。

使用频谱分析仪测量信噪比，首先需要确切知道信号和噪声的功率范围。如果信号的功率超过频谱分析仪对输入功率的限制，则有可能出现压缩失真，甚至损坏仪器。如果噪

声的功率小于频谱分析仪的噪声基底，则无法测量噪声功率。此外，还应知道信号和噪声的大致频率范围，在测量信号的功率时，需要根据其频率范围设置相应的积分带宽。

电路中带电粒子的热运动形成噪声，通常将噪声功率用一个大小相同的热噪声功率所对应的温度 T 来表示，即

$$N = kTB_n \tag{5.17}$$

其中：N 为噪声功率，单位为 W；T 为温度，单位为 K(开尔文)；B_n 为噪声带宽，单位为 Hz；k 为玻尔兹曼常数，$k = 1.38 \times 10^{-23}$ J/K。

由于信噪比与噪声功率 N 有关，而噪声功率 N 与噪声带宽 B_n 有关，因此度量信噪比值时，一般应当指出所采用的噪声带宽值。

1. 用噪声标记功能测量噪声

噪声标记功能通常在频谱分析仪的"Marker Fcnt"按钮对应的功能中，该按钮通常在"Marker"按钮的旁边，其基本操作步骤如下：

(1) 设置频谱分析仪的中心频率、扫宽、参考电平和衰减，使信号波形尽量充满整个屏幕，以达到最佳的分辨率。

(2) 对于具备零扫宽功能的频谱分析仪，可将扫宽设置为零扫宽，即将频谱分析仪调谐到感兴趣的频点上。

(3) 通过噪声标记按钮激活噪声标记功能，测出噪声值。

(4) 如果需要高精度的测量，可以通过增加扫描时间和增加平均次数来减小测量误差。

需要说明的是，选择噪声标记功能时，检波方式通常将自动设置为功率平均或采样检波。

通过以上操作，频谱分析仪测量结果如图 5.54、图 5.55 所示，其中测出的噪声值分别为 $N_0 = -63.29$ dBm/Hz 和 $N_0 = -121.43$ dBm/Hz，这里得到的结果为归一化到 1 Hz 的噪声带宽的数值。

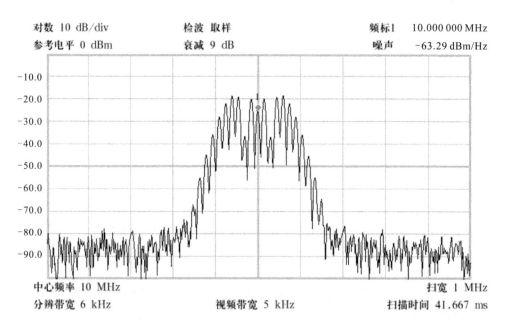

图 5.54 噪声标记功能的测量结果 1

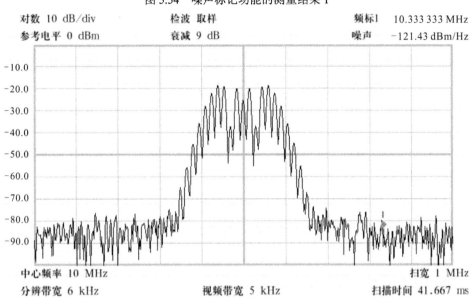

对数 10 dB/div
检波 取样
频标1 10.333 333 MHz
参考电平 0 dBm
衰减 9 dB
噪声 -121.43 dBm/Hz
-10.0
-20.0
-30.0
-40.0
-50.0
-60.0
-70.0
-80.0
-90.0
1
中心频率 10 MHz
扫宽 1 MHz
分辨带宽 6 kHz
视频带宽 5 kHz
扫描时间 41.667 ms

图 5.55 噪声标记功能的测量结果 2

如果希望得到不同信道带宽下的噪声值，则测量结果需要根据当前带宽进行修正。已知信道的带宽为 $B_n = 200$ kHz，则可计算信道中的总噪声功率为

$$N = N_0 + 10\lg(B_n) = -63.29 + 10\lg(2\times10^5) = -57.99\ \text{dBm}$$

2. 载噪比的测量

载噪比的测量步骤如下：

(1) 给频谱分析仪接入信号，按照信道带宽的方式测量信号的信道功率，请参考 5.4.6 小节，此处信道参数根据实际设置，获得载波信号功率 P_S(dBm)。

(2) 从频谱分析仪移除信号，同样按照信道带宽的方式测量噪声的信道功率 N(dBm)。这里也可以采用噪声标记功能测量噪声的归一化数值，再通过已知带宽换算成噪声功率。

(3) 计算载噪比，即 $C/N = P_S - N$(dB)。

第6章 网络分析仪

本章主要介绍网络分析仪的基础知识和网络分析仪的基本工作原理、主要性能指标、分类、使用前的校准以及测量实例。

6.1 基 础 知 识

6.1.1 集总参数电路与分布参数电路

在常规低频电路中，电路的所有参数，如阻抗、容抗、感抗等都集中于空间的各个点上，基于电磁波的传输速度，各个元器件上及电路各点之间的信号可视为瞬间传递的，这种理想化的电路模型称为集总电路。对于集总参数电路，由基尔霍夫定律唯一地确定了结构约束(又称拓扑约束)，即元器件间的连接关系决定电压和电流必须遵循的一类关系。用集总参数电路近似实际电路是有条件的，这个条件就是实际电路的尺寸要远小于电路工作时所传递电磁波的波长。

随着电路或者元器件工作频率的提高(对应于波长的减小)，传统的欧姆定律已不能满足系统分析设计的需要，因为射频电路、射频器件(也包括导线等)的电磁特性均随着频率的变化而发生变化，所以无法用一个确定唯一的数值来描述该元器件的电磁特性，因此引入分布参数的概念来进行电路分析，此时的电路称为分布参数电路，而一般射频电路的分析均需采用分布参数电路的分析方法。分布参数电路是指电路中同一瞬间相邻两点的电位和电流都不相同。分布参数电路中的电压和电流除了是时间的函数外，同时也是空间坐标的函数。

一个电路应该作为集总参数电路，还是作为分布参数电路，取决于其线性尺寸与其内部电磁波波长之间的关系。用 L 表示电路的线性尺寸，用 λ 表示电路电磁波的波长，$L \ll \lambda$ 的电路可视为集总参数电路，否则应视为分布参数电路。

分布参数电路至少包含两种情况：对于小型电子系统，如通信系统，其工作频率高、波长短，波长接近于电路尺寸，此时应当将其视为分布参数电路；对于大型远距离传输的电子系统，如高压电力传输系统，虽然其工作频率较低，但由于其波长与传输线路长度接近，此时也应视为分布参数电路。

6.1.2 网络与端口

首先说明，此处的网络不是指以太网、数据总线等，而是特指射频电路网络。

对于分布参数电路，通常采用网络分析的方法进行分析。网络分析的重要定理包括坡印廷定理、互易定理、电抗定理等，用于分析电路网络的数学工具则包括阻抗矩阵、导纳矩阵、散射矩阵等。其中，散射矩阵描述了信号入射波、反射波与传输波之间的关系。

分布参数电路可分为单端口网络、双端口网络、三端口网络等。这里的端口，抽象来说是指信号的参考面，具体就是指信号输入/输出的位置。单端口网络有终端电阻，双端口网络有单入单出的放大器、单入单出的滤波器、传输线等，三端口网络有混频器、1/2 功分器等。

6.1.3 散射矩阵与散射参数

对于二端口网络，如图 6.1 所示，分别用 a_1 和 b_1 代表 1 端口的入射波和反射波，a_2、b_2 代表 2 端口的入射波和反射波。

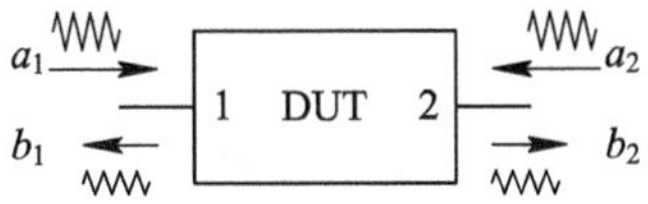

图 6.1 二端口网络

其输入/输出关系可以描述如下：

$$\begin{bmatrix} b_1 \\ b_2 \end{bmatrix} = \begin{bmatrix} s_{11} & s_{12} \\ s_{21} & s_{22} \end{bmatrix} \begin{bmatrix} a_1 \\ a_2 \end{bmatrix} \tag{6.1}$$

简写为

$$\boldsymbol{B} = \boldsymbol{S} \times \boldsymbol{A} \tag{6.2}$$

其中：$\boldsymbol{A}$ 为入射矩阵；$\boldsymbol{B}$ 为反射矩阵；$\boldsymbol{S}$ 为散射矩阵；散射矩阵 $\boldsymbol{S}$ 中的各个元素则称为散射参量、散射参数或 S 参数。

$$\boldsymbol{A} = \begin{bmatrix} a_1 \\ a_2 \end{bmatrix} \tag{6.3}$$

$$\boldsymbol{S} = \begin{bmatrix} s_{11} & s_{12} \\ s_{21} & s_{22} \end{bmatrix} \tag{6.4}$$

$$\boldsymbol{B} = \begin{bmatrix} b_1 \\ b_2 \end{bmatrix} \tag{6.5}$$

重写公式(6.1)，各 S 参数表示为

$$S_{11} = \frac{b_1}{a_1}\bigg|_{a_2=0}, \ S_{21} = \frac{b_2}{a_1}\bigg|_{a_2=0}, \ S_{12} = \frac{b_1}{a_2}\bigg|_{a_1=0}, \ S_{22} = \frac{b_2}{a_2}\bigg|_{a_1=0} \tag{6.6}$$

其中：S_{11}、S_{22} 分别为 1 端口和 2 端口的反射系数，S_{21}、S_{12} 分别为 1 端口和 2 端口的传输系数。

从左往右看图 6.1。反射系数 S_{11} 的取值范围为[0，1]，通常其矢量值记为 $\boldsymbol{\Gamma}$，标量值记

为 ρ。反射系数越大，表示 1 端口入射波能量被反射得越多，传输至 2 端口的能量越小。当端口 2 阻抗匹配时，有 $S_{11}=0$，即无反射能量。传输系数 S_{21} 的取值范围为 [0，1]。传输系数为 0 时，表示 1 端口所有能量均被反射；传输系数为 1 时，表示 1 端口所有能量均传递至 2 端口。

从右往左看图 6.1 时，S_{22} 和 S_{12} 参数的含义与上述描述类似。

需要说明的是，在不同的文献和应用场合中，S 参数的量纲有所不同，有时是电压之比，有时是能量之比，本书中统一表示为电压之比。此时，与 S 参数相关的一些重要定义和术语如下：

(1) 增益(Gain)：

$$G = S_{21} \tag{6.7}$$

取对数(dB)表示为

$$q = 20 \lg |S_{21}| \tag{6.8}$$

(2) 插损(Insert Loss)：在传输系统的某处由于元器件的插入而发生的功率损耗，表示为该元器件插入前负载接收到的功率与插入后同一负载接收到的功率的比值，单位为 dB，计算如下：

$$\mathrm{IL} = -20 \lg |S_{21}| \tag{6.9}$$

(3) 回波损耗(Return Loss)：反射波能量与入射波能量的比值，单位为 dB，计算如下：

$$\begin{cases} \mathrm{RL_{in}} = -20\lg |S_{11}| \\ \mathrm{RL_{out}} = -20\lg |S_{22}| \end{cases} \tag{6.10}$$

其中：$\mathrm{RL_{in}}$ 为输入端口回波损耗；$\mathrm{RL_{out}}$ 为输出端口回波损耗。

驻波比：全称为电压驻波比(Voltage Standing Wave Ratio，VSWR 或 SWR)，是指驻波波腹电压与波谷电压幅度之比，也称为驻波系数，无单位，计算如下：

$$\begin{cases} \mathrm{VSWR_{in}} = \dfrac{1+|S_{11}|}{1-|S_{11}|} \\ \mathrm{VSWR_{out}} = \dfrac{1+|S_{22}|}{1-|S_{22}|} \end{cases} \tag{6.11}$$

其中：$\mathrm{VSWR_{in}}$ 为输入端口驻波比；$\mathrm{VSWR_{out}}$ 为输出端口驻波比。

回波损耗与驻波比的换算如下所示，具体数值请参考附录 C。

$$\mathrm{RL} = 20\lg\left(\frac{\mathrm{VSWR}+1}{\mathrm{VSWR}-1}\right) \tag{6.12}$$

(5) 输入阻抗：1 端口的阻抗，计算如下：

$$Z = Z_0 \frac{1 + S_{11}}{1 - S_{11}} \tag{6.13}$$

其中：Z_0 为传输线的特征阻抗(本征阻抗)值，对于射频系统一般为 50 Ω。

6.2　网络分析仪

6.2.1　网络分析仪的基本工作原理

网络分析仪,简称网分仪,是一种常见的射频测试仪器。可以将其看作多路相参信号源和多个相参接收机的结合体,它的基本功能是测试射频器件和射频通道的传输与反射特性。这里的网络是指射频电路网络,分析内容包括电路 S 参数,信号在网络中的传输和反射参数,以及幅度(包括损耗、增益、驻波等等)、相位、时延、阻抗等参数。

一般网络分析仪的工作原理如图 6.2 所示。

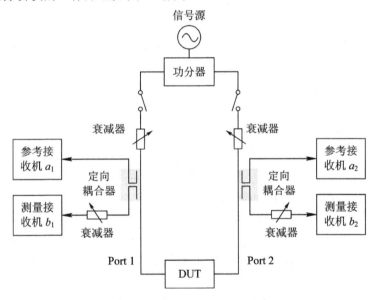

图 6.2　网络分析仪工作原理

网络分析仪由信号源、衰减器、信号分离装置、接收机等部分组成:

(1) 信号源的功能是产生激励信号,每个端口信号源的输出功率可以按照自定义设置。信号源可以用 ALC 自动电平控制来保证信号源输出的稳定和准确。如果内置了两个或两个以上的信号源,则可以同时提供不同频率和功率的信号作为射频和本振信号能够进行变频测试。矢量网络分析仪的信号源可以关闭,关闭信号源以后的矢量网络分析仪就变成了多通道的接收机。

(2) 衰减器的功能是将信号源的输出衰减为小信号激励,支持例如低噪声、高增益放大器的测试。

(3) 信号分离装置包括功分器和定向耦合器件。功分器主要完成信号的分路。定向耦合器简称定耦,是完成传输和反射测试的关键装置。定向耦合器直接连接到测试端口,用于提取反射信号,进行反射特性的测试。

(4) 接收机包括参考接收机和测试接收机。接收机完成对参考信号、反射信号、传输信号的幅度和相位参数的测试分析。接收机性能影响网络分析仪的测试精度、动态范围和测试速度。

此外，网络分析仪的显示处理部分完成对测试结果的分析、处理、显示、记录与传输，如对测试结果进行合格判断、极限判断、结果标识等。

6.2.2 网络分析仪的主要性能指标

网络分析仪大部分的性能指标如频率范围、扫宽、迹线、标记等与频谱分析仪类似，此处仅描述与频谱分析仪不同的相关术语。

(1) 跟踪源(Tracking Generator，TG)：图 6.2 中的信号源部分，用于产生扫频信号。

(2) S_{11}：反射系数，被测设备反射信号与入射信号的比值及相关推导的物理量。在网络分析仪中，S 参数的名称通常均大写。

(3) S_{21}：传输系数，正方向通过被测设备的信号变化系数。它是显示被测设备损耗或增益的指标。

(4) S_{22}：反向反射系数。

(5) S_{12}：反向传输系数。

(6) DUT：Device Under Test，被测设备。

(7) 校准：在单端口校准中，通过将开路校准件、短路校准件和负载校准件连接到测试端口，测量校准系数。此校准方法可以有效地消除在使用该端口的反射测试中测试装置的反射跟踪误差、方向性误差和源匹配误差。

(8) 端口扩展：网络分析仪已校准的部分称为已校准的平面。对于某些被测设备，其接口与网络分析仪接口之间存在差异，需要通过夹具或线缆进行连接，此时已校准平面与被测设备之间部分称为端口延伸。使用端口扩展功能，可以补偿由夹具等导致的时延(相移)以及可能发生的损耗。

(9) 端口延时：端口延时与扩展端口长度具有如下数学关系：

$$端口时延 = \frac{端口长度}{光速 \times 速度因子} \tag{6.14}$$

(10) 端口长度：端口扩展的物理长度。

(11) 速度因子：扩展端口的速度因子。

(12) 群延迟：信号的不同频率分量通过器件时的相位延迟。

信号通过器件传输时，都会有延时现象。当宽带信号经过组件时，不同频率信号的群时延不同，从而引起信号的非线性变化，即导致信号失真，这不是我们所希望的结果。如果群延迟在频率范围内是恒定的，那么所有频率分量将有相同的相位偏差，在这种情况下，理想系统将没有失真，群延迟将是一个恒定值。

群延迟的计算如下：

$$\tau_{\text{Group}} = -\frac{\mathrm{d}\varphi}{\mathrm{d}f} \tag{6.15}$$

6.2.3　网络分析仪的分类

网络分析仪主要分为矢量网络分析仪和标量网络分析仪两类。

1. 标量网络分析仪

标量网络分析仪简称标网，只能测量 S 参数的幅度部分，测量结果包括传输增益和损耗、回波损耗和驻波比等。

2. 矢量网络分析仪

矢量网络分析仪简称矢网，其测量值为矢量(或称波量)参数，是包含幅度和相位等所有信息的网络参数。波量可以用幅度和相位或者是实部和虚部表示。矢量网络分析仪的测量结果包括传输增益和损耗、回波损耗和驻波比以及 S 参数的相位、群延迟和反射系数等。

6.2.4　网络分析仪使用前的校准

1. 误差

网络分析仪的误差主要分为两类：系统误差和随机误差。

1) 系统误差

系统误差是由于仪器内部测试装置的不理想引起的，具有可预知性和可重复性，因此可以进行定量描述。系统误差可在测试过程中通过校准消除，网络分析仪典型的系统误差如下：

(1) 频响误差。

网络分析仪工作在扫频状态下，无论是仪器内部的功分器、定向耦合器，还是外接的转换接头和测试电缆等，在工作频带范围内的特性都会随频率而变化。这些频率响应特性造成的测试误差称为频响误差，也称为跟踪误差。频响误差包括测试反射特性时存在的反射跟踪误差以及测试传输特性时存在的传输跟踪误差。

(2) 方向性误差。

由于定向耦合器有限方向性造成的误差称为方向性误差，方向性误差引起的泄漏信号会叠加在真实的反射信号上，造成测试误差。

(3) 失配误差。

在反射指标的测试过程中，反射信号通过传输路径返回仪器端口，造成端口阻抗与传输线间的失配，该失配会导致信号二次入射。最终，在传输路径中，信号的多次入射和相应的多次反射造成的测试误差称为源失配误差。同理，被测器件输出的传输信号也会由于接收端阻抗失配造成反射，该反射信号会通过被测件的反向传输而叠加在真实反射信号上，从而形成负载失配误差。

(4) 隔离误差。

在网络分析仪内部，入射、反射和传输信号之间会存在信号串扰，对于具有高隔离度指标的被测器件，如射频开关、隔离器等，该项误差影响明显。

(5) 漂移误差。

测试仪器的性能会随着时间、温度、湿度等的变化而产生缓慢漂移，此类因仪器性能漂移所引入的误差称为漂移误差。对于网络分析仪，影响漂移误差最主要的因素是温度，可通过进一步校准消除。校准后仪器能够保持精度稳定的时间长短，取决于测试环境中仪器的漂移速度。

2) 随机误差

随机误差是不可预示的、随时间变化的、具有某种概率统计特性的误差。随机误差的主要来源为仪器内部噪声，如激励源相位噪声、采样噪声、中频接收机本振噪声等。不能通过校准消除随机误差，但因其具有有界性、对称性和补偿性，故可以在测试过程中用平均的方法对其进行抑制。

2. 校准分类

网络分析仪校准的目的主要是消除系统误差。校准采用的原理是对已知参数的校准器件进行测试，将这些测试结果存储到仪器的存储器内，利用这些数据来计算误差模型，测试中使用该模型消除系统误差的影响。校准过程就是通过测试校准件来明确仪器系统误差的过程。

网络分析仪校准件如图 6.3 所示。根据校准件的不同，校准方式可以分为机械校准和电子校准。根据消除误差项的不同，机械校准又可分为频响校准和矢量校准。矢量校准又可以分为单端口、双端口、多端口校准。每种校准方式的校准件数目、测试的次数及消除误差项目的数量都不相同。校准的精度从高到低依次为电子校准、矢量校准、频响校准。

(a) 机械校准件　　　　　　　　　　　(b) 电子校准件(是德 ND4693D)

图 6.3　网络分析仪校准件

1) 频响校准

频响(Response)校准只使用 1 个校准件，进行 1 次校准测试操作。反射测试时，使用全反射校准件，可选择短路校准件(Short)或开路校准件(Open)，一般后者更接近理想全反射状态。传输测试时，使用直通校准件(Through)。

频响校准操作简单，精度低，只消除频率响应误差。频响校准过程相当于测试归一化过程，即先将测试结果存入存储器中得到参考线，然后用被测件的测试结果与其比较。

2) 矢量校准

矢量校准要求网络分析仪具有测量幅度和相位的功能，计算误差项的过程中需要联立方程组。矢量校准过程较复杂，要求测试多个标准件，从而可消除更多的误差项，保证仪器具有更高的测试精度。

(1) 单端口矢量校准。

单端口矢量校准需要用到开路、短路、负载(Load)3 个校准件，进行 3 次校准测试操作，消除被校准端口的 3 项系统误差(方向性误差、源失配误差、反射跟踪误差)。当校准端口为仪器的端口 1 时，称为 S_{11} 单端口校准；当校准端口为仪器的端口 2 时，称为 S_{22} 单端口校准。

(2) 双端口矢量校准。

双端口矢量校准需要用到开路、短路、负载、直通 4 个校准件，进行 7 次校准测试操作。双端口的隔离校准只在测试高隔离(隔离器、开关等)、大动态范围(放大器、滤波器等)的器件时才用到。

当网络分析仪用于测试器件的传输性能时，就需要对网络分析仪的测试端口和传输连接线进行双端口矢量校准。双端口矢量校准可消除两个测试端口的全部系统误差。

(3) 多端口矢量校准。

多端口矢量校准是双端口矢量校准的两两组合，因此也需要用到 4 个校准件，但校准测试操作会有所增加。

3) 电子校准

电子校准件是一类具有数控接口的自动化校准装置。网络分析仪与电子校准件间的通信控制通常采用 USB 接口。与机械校准件相比，电子校准件具有以下特点：

(1) 校准过程简单：电子校准件只需要和矢网连接一次，即可完成双端口校准所要求的测试项目。

(2) 校准速度快：利用电子校准件完成双端口校准只需要几秒钟，从而使整个测试过程的效率大大提高。

(3) 校准过程中不确定因素少：由于无需多次连接，所以电子校准受到人为误差影响的概率较低。

(4) 支持混合端口校准：可提供混合端口形式的电子校准件，保证对非插入器件测试的准确性。

3. 校准操作

网络分析仪校准操作的一般过程主要有以下步骤：

(1) 根据被测的器件以及测试的项目选择要进行的校准及测试端口(单端口、双端口、多端口)。

(2) 确定校准件的型号(机械校准件或电子校准件的具体型号)。

(3) 确定校准的方式(电子校准、频响校准、矢量校准等)。

(4) 进入具体的校准测试过程，例如机械校准，连接校准件后，再点选网络分析仪对应的选项。

(5) 存储和调用测试状态和校准参数。

下面以单端口校准和双端口校准为例，介绍校准的具体操作步骤。

(1) 单端口校准。

单端口校准通过校准件对测试所需的单个端口进行校准。单端口校准可以消除该端口的反射跟踪误差、方向性误差和源匹配误差，提高仪器的测试精度。校准步骤如下：

① 准备校准套件，包括开路、短路和负载校准件。

② 按复位键使仪器复位。

③ 设置需要测试的频段，包括起始频率和终止频率。

④ 进入校准界面，若厂家提供有多种校准件，则需选择校准件型号。

⑤ 按顺序进行开路、短路和负载 3 项校准：将校准件中的开路校准件连接到仪器的端口上，进行开路校准；接着换上短路校准件，进行短路校准；然后换上负载校准件，进行负载校准。

⑥ 点击"完成"或"保存"按钮，确认保存校准结果。

(2) 双端口校准。

双端口校准是指通过校准件连接两个测试所需的端口进行校准。双端口校准可以消除端口的传输方向性误差、反射方向性误差、隔离误差、源匹配误差、反射频响误差和传输频响误差。校准步骤如下：

① 准备校准套件，包括开路、短路、负载和直通校准件。

② 按复位键使仪器复位，以下步骤中不再复位。

③ 对 1 端口，用开路、短路和负载校准件完成单端口校准。

④ 对 2 端口，用开路、短路和负载校准件完成单端口校准。

⑤ 将 1 端口和 2 端口用直通校准件连接，进行直通校准。

⑥ 点击"完成"或"保存"按钮，确认保存校准结果。

以上开路、短路、负载、直通校准时的电缆连接如图 6.4 所示。

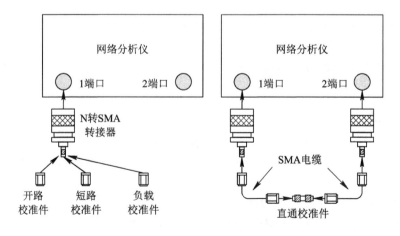

图 6.4 校准电缆连接示意图

6.3 测 量 实 例

6.3.1 衰减器的测量

图 6.5 所示为 SMA 接口的固定衰减器，使用网络分析仪对其进行 S 参数的测量，包括 S_{11} 参数和 S_{21} 参数。

图 6.5 SMA 固定衰减器

1. S_{11} 参数的测量

S_{11} 参数的测量步骤如下：

(1) 选择 S_{11} 参数测量模式。

(2) 按校准规范，对矢量网络分析仪进行单端口校准，包括开路、短路、负载校准。

(3) 连接被测设备，如图 6.6 所示。设置网络分析仪的频率范围、平均次数、参考电平等参数。

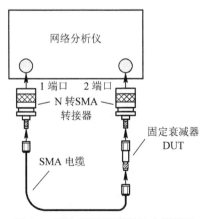

图 6.6 固定衰减器测量的电缆连接

(4) 根据测量参数类型选择迹线类型，记录测试画面和数据，如图 6.7 至图 6.15 所示。

图 6.7 和图 6.8 所示分别为反射系数的对数幅度值和线性幅度值的测量结果,由于记录的时间不同,两者存在些许差异。

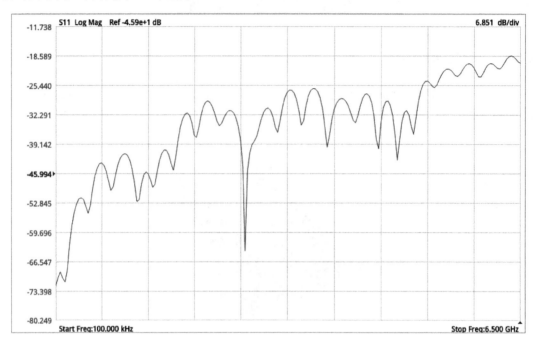

图 6.7 衰减器 S_{11} 参数(对数幅度)

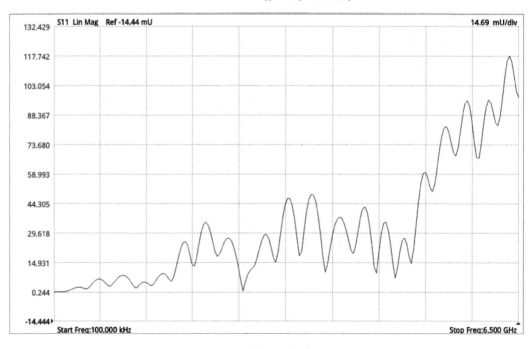

图 6.8 衰减器 S_{11} 参数(线性幅度)

需要说明的是,如图 6.7 右上角所示,对数幅度值的单位是 dB,而线性幅度值的单位为 mU，如图 6.8 右上角所示，即数值 × 10^{-3}，U 表示归一化单位。反射系数的值越小越好。

图 6.9 所示为驻波比的测量结果，数值介于 1～1.267 之间，表明阻抗匹配结果较好。

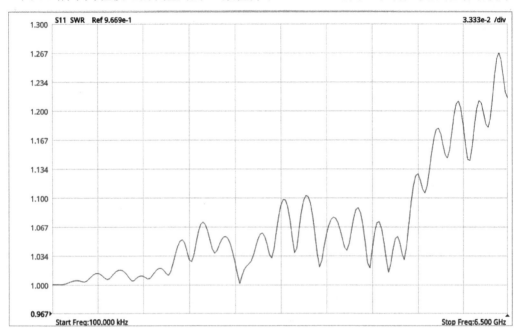

图 6.9　衰减器 S_{11} 参数(驻波比)

对于矢量网络分析仪，还可以分别测量 S_{11} 参数的实部和虚部数值，如图 6.10 和图 6.11 所示。

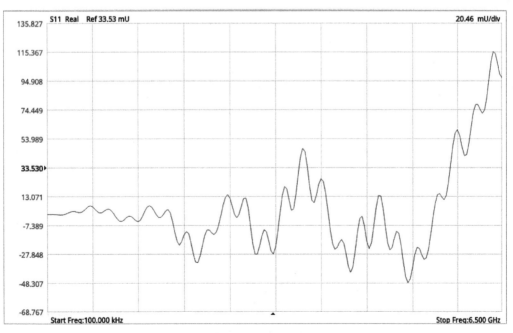

图 6.10　衰减器 S_{11} 参数(实部)

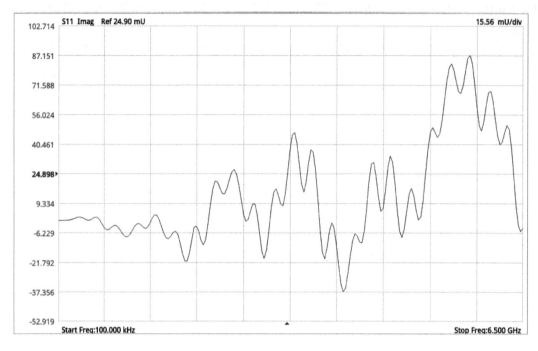

图 6.11　衰减器 S_{11} 参数(虚部)

对于 S_{11} 参数，可按公式(6.13)计算器件的源阻抗，表示为 Smith 圆图和极坐标图，如图 6.12 和图 6.13 所示。Smith 圆图和极坐标图是分析特定频段上复阻抗和反射系数的有效工具。

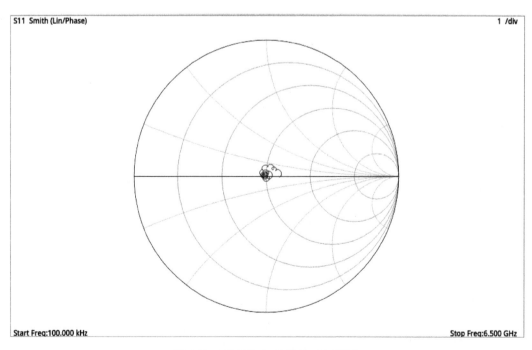

图 6.12　衰减器 S_{11} 参数(Smith 圆图)

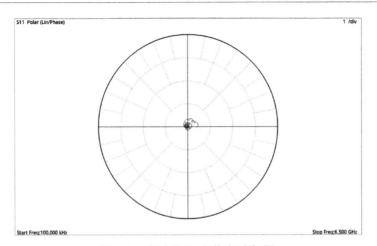

图 6.13　衰减器 S_{11} 参数(极坐标图)

图 6.14 和图 6.15 所示分别为 S_{11} 参数的相位和群延迟的测量结果。

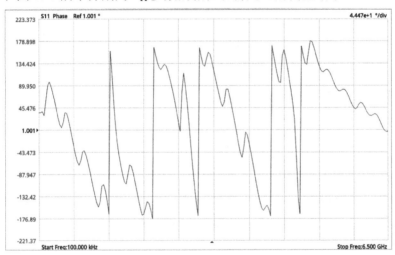

图 6.14　衰减器 S_{11} 参数(相位)

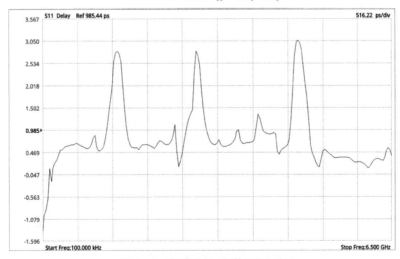

图 6.15　衰减器 S_{11} 参数(群延迟)

2. S_{21} 参数的测量

S_{21} 参数的测量步骤如下：

(1) 选择 S_{21} 参数测量模式。

(2) 按校准规范，对矢量网络分析仪依次进行 1 端口的单端口校准，2 端口的单端口校准，以及 1 端口至 2 端口的直通校准，如图 6.4 所示。

(3) 连接被测设备，如图 6.6 所示。设置频率范围、平均次数、参考电平等参数。

(4) 根据测量参数类型选择迹线类型，记录测试数据和画面，如图 6.16 至图 6.18 所示。

图 6.16 和图 6.17 所示分别为传输系数的对数幅度值和线性幅度值测量结果，由于记录的时间不同，两者存在些许差异。从对数幅度值可以看出，该衰减器的衰减值为 10 dB 左右，误差小于 ±1 dB。

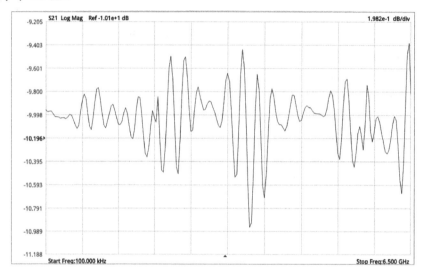

图 6.16 衰减器 S_{21} 参数(对数幅度)

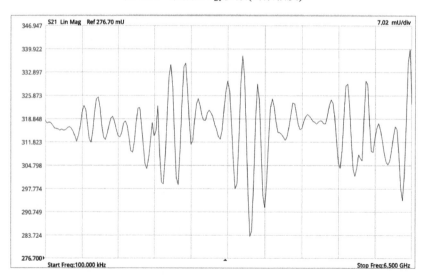

图 6.17 衰减器 S_{21} 参数(线性幅度)

图 6.18 和图 6.19 所示分别为 S_{21} 参数的相位和群延迟测量结果。

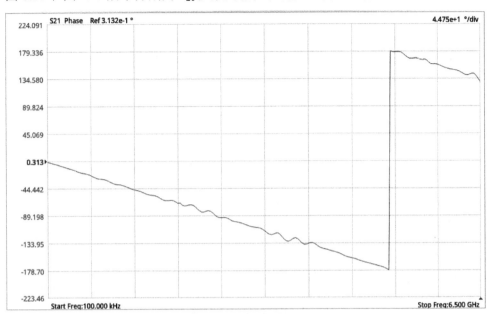

图 6.18 衰减器 S_{21} 参数(相位)

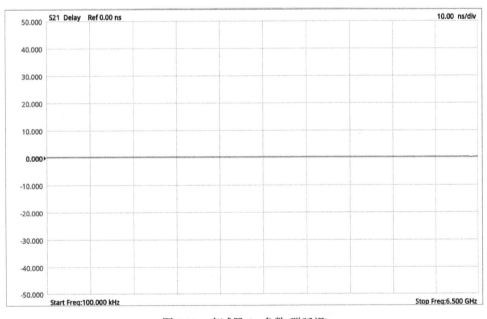

图 6.19 衰减器 S_{21} 参数(群延迟)

6.3.2 滤波器的测量

由于端口数相同，因此滤波器的测量方法与衰减器的测量方法类似，此处不再赘述，仅给出某型带通滤波器的测量结果，如图 6.20 和图 6.21 所示。图 6.20 为 S_{11} 参数的对数幅度曲线，图 6.21 为 S_{21} 参数的对数幅度曲线。

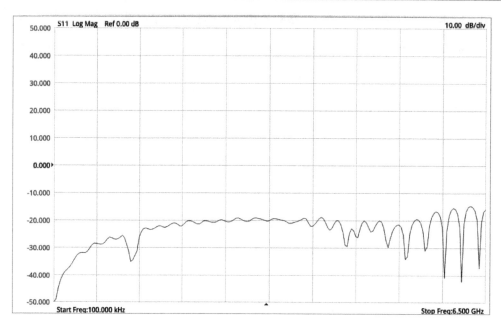

图 6.20　滤波器 S_{11} 参数(对数幅度)

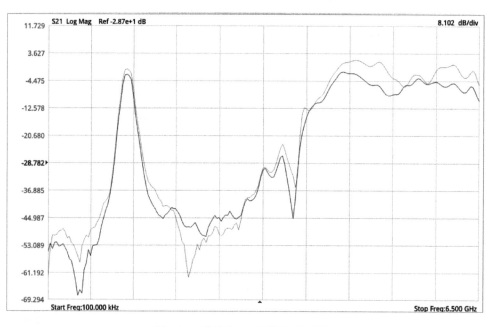

图 6.21　滤波器 S_{21} 参数(对数幅度)

图 6.21 中较浅颜色的曲线为校准前的测量结果,较深颜色线的曲线为校准后的测量结果,可见校准前后的测量结果存在一定的差异。

从测量结果可以看出,该滤波器具有带通特性,其通带中心频率在 1.24 GHz 左右。设置网络分析仪的中心频率为 1.24 GHz,扫描宽度为 1 GHz,测得的 S_{21} 参数如图 6.22 所示。使用标记功能,其中标记 1 的频率为 1.24 GHz,幅值为 −2.95 dB。标记 2 与标记 1 之间的幅度差约为 3 dB,频率差约为 85 MHz。

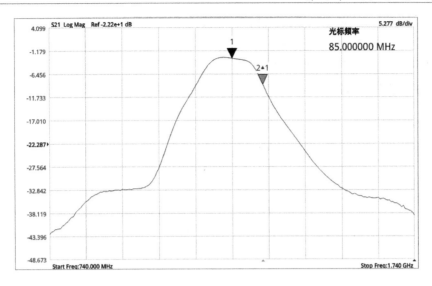

图 6.22　滤波器 S_{21} 参数(通带测量)

最终测试结果表明，该滤波器中心频率约为 1.24 GHz，通带则约为 $85 \times 2 = 170$ MHz，插入损耗约为 2.95 dB。

6.3.3　放大器的测量

射频放大器的主要功能指标包括频率范围、增益、1 dB 压缩点、效率、谐波失真、交调失真、三阶交调、动态范围、驻波比等。使用网络分析仪测量某型低噪声放大器的增益，S_{21} 参数的测量结果如图 6.23 和图 6.24 所示。

图 6.23 所示迹线为低噪声放大器的增益曲线，图中标记 1 的参数为 33.63 dB@130 MHz，标记 2 的参数为 30.97 dB@1.5 GHz，标记 3 的参数为 25.63 dB@3.0 GHz，标记 4 的参数为 13.54 dB@4.5 GHz，标记 5 的参数为 4.00 dB@6.0 GHz。

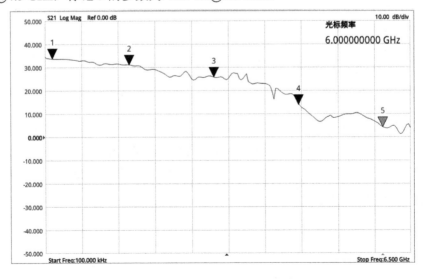

图 6.23　低噪声放大器增益曲线

图 6.24 所示迹线为低噪声放大器的群延迟曲线,图中标记 1 的参数为 2.63 ns@130 MHz,标记 2 的参数为 2.62 ns@1.5 GHz,标记 3 的参数为 2.63 ns@3.0 GHz,标记 4 的参数为 2.47 ns@4.5GHz,标记 5 的参数为 2.66 ns@6.0 GHz。

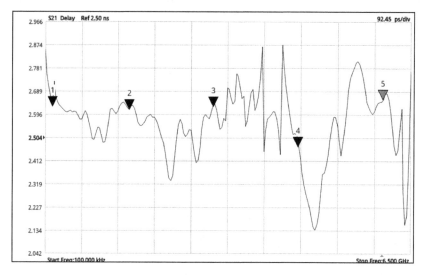

图 6.24　低噪声放大器群延迟曲线

低噪声放大器 S_{11} 参数驻波比的测量结果如图 6.25 所示。

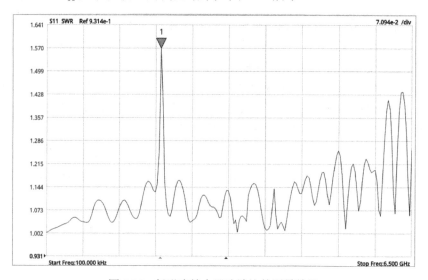

图 6.25　低噪声放大器驻波比的测量结果

从图 6.25 中可以看出,该低噪声放大器驻波比参数整体较为理想,最大值出现在 2.084 GHz 频点,其值为 1.570。

第 7 章　天馈线测试仪

本章主要介绍天线与馈线和天馈线测试仪的基本工作原理、主要性能指标、使用前的校准以及测量实例。

7.1　天 线 与 馈 线

7.1.1　天线

天线(Antenna)是一种变换器，它把传输线上传播的电磁波变换成在传播媒介(通常是自由空间)中传播的电磁波(即发射)，或者进行相反的变换(即接收)。无线电通信、广播、电视、雷达、导航、电子对抗、遥感、射电天文等工程系统，凡是利用电磁波来传递信息的，都依靠天线进行工作。一般天线都具有可逆性，即同一副天线既可用作发射天线，也可用作接收天线。同一天线作为发射或接收的基本特性参数是相同的，这就是天线的互易定理。

天线的类型五花八门，部分典型天线形状如图 7.1 所示。

图 7.1　典型天线

天线的性能参数有很多，如谐振频率、阻抗、增益、孔径或辐射方向图、极化、效率和带宽等。另外，发射天线还有最大额定功率，而接收天线则有噪声抑制等参数。

1. 谐振频率

天线的谐振频率和电谐振与天线的电长度相关。电谐振是指当接收电路的固有频率跟收到的电磁波频率相同时，接收电路中产生的电流最强的现象。电长度通常是电线物理长度除以自由空间中波的传输速度与电线中波的传输速度之比。天线的电长度通常用波长来表示。天线一般在某一频率处调谐，并在以此谐振频率为中心的一段频带上有效。

2. 增益

天线的增益指在输入功率相等的条件下，实际天线与理想的辐射单元在空间同一点处所产生的信号功率密度之比。如果参考天线是全向天线，增益的单位为 dBi。

3. 带宽

天线的带宽是指天线有效工作的频率范围，通常以其谐振频率为中心。

4. 阻抗

天线的阻抗类似于光学中的折射率。电波穿行于天线系统不同部分(电台、馈线、天线、自由空间)时会遇到的阻抗不同。在每个接口处(取决于阻抗匹配)，电波的部分能量会反射回源，在馈线上形成一定的驻波。此时可以测出电波最大能量与最小能量的比值，称为驻波比(SWR)。驻波比为 1∶1 是理想情况。1.5∶1 的驻波比在能耗较为关键的低能应用上被视为临界值。

5. 辐射方向图

由于天线向三维空间辐射，因此需要数个图形来描述。如果天线辐射相对某轴对称(如双极子天线、螺旋天线和某些抛物面天线)，则只需一张方向图。

6. 特性阻抗

传输线的特性阻抗定义为无限长传输线上各处的电压与电流的比值。

7. 衰减系数

信号在馈线里传输，除有导体的电阻性损耗外，还有绝缘材料的介质损耗。这两种损耗随馈线长度的增加和工作频率的提高而增加。

8. 输入阻抗

输入阻抗定义为天线输入端信号电压与信号电流之比。输入阻抗具有电阻分量 R 和电抗分量 X，即 $Z = R + jX$。电抗分量的存在会减少天线从馈线对信号功率的提取，因此必须使电抗分量尽可能为零，也就是应尽可能使天线的输入阻抗为纯电阻。

9. 工作频率

无论是发射天线还是接收天线，它们总是在一定的频率范围(频带宽度)内工作的，天线的频带宽度有两种不同的定义：一种是指在驻波比 SWR≤1.5 条件下，天线的工作频带宽度；另一种是指天线增益下降 3 dB 范围内的频带宽度。

7.1.2 馈线

馈线(Feeder)又称电缆线(Cable)，在系统中起传输信号的作用，因此馈线的质量和型号直接影响射频系统信号的接收效果和信号传输质量。馈线的主要任务是有效地传输信号能量，将发射机发出的信号功率以最小的损耗传输到发射天线的输入端，或将天线接收到的信号以最小的损耗传输到接收机输入端，同时本身不产生杂散干扰信号，因此，就要求传输线必须屏蔽。当馈线的物理长度等于或大于所传输信号的波长时，传输线又称为长线。

馈线的种类包括扁馈线、同轴电缆、波导、微带线等。典型馈线如图 7.2 所示，其主要技术参数如下：

1. 特性阻抗

馈线特性阻抗的定义同天线特性阻抗。

2. 衰减特性

馈线的衰减特性是指馈线传输信号时的损耗大小。衰减的大小与电缆线导体的直径、长度、介质材料和传输信号的频率有关。对于电缆导体，直径越大，传输信号的频率越低，则衰减越小，反之，衰减越大。

3. 温度特性

电缆的衰减量会随温度的升高而增大，这种现象称为电缆的温度特性。一般电缆的温度系数为 0.2%dB/℃，即当温度升高 1℃时，电缆的衰减量在原来的衰减量上增大 0.2%。因此，长距离传输信号时，必须进行温度补偿。

4. 回波损耗

回波损耗是由于电缆特性阻抗不均匀而导致的反射波及衰减量增加，它对信号的质量影响较大。产生回波损耗的原因有电缆本身的质量问题，也与使用、维护不当有关，主要有：生产过程中电缆的结构尺寸产生偏差或材料变形；安装时，电缆线在拐角处被弯曲成直角或被压扁，引起结构变形；电缆因受潮及高温等因素导致材料变质，引起特性阻抗变化。

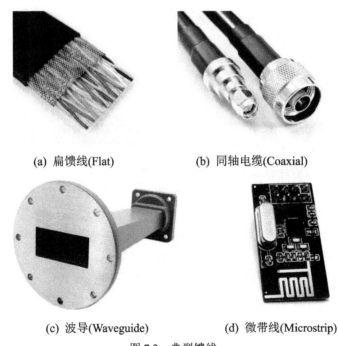

(a) 扁馈线(Flat)　　　　　(b) 同轴电缆(Coaxial)

(c) 波导(Waveguide)　　　　(d) 微带线(Microstrip)

图 7.2　典型馈线

7.2　天馈线测试仪

7.2.1　天馈线测试仪的基本工作原理

天馈线测试仪是测试天线和馈线驻波比和匹配性的一种专用仪器，它同时可以测试天线和馈线的损耗和进行长距离故障定位，能够快速评估传输线和天线系统的状况。

某型天馈线测试仪的基本结构如图 7.3 所示。

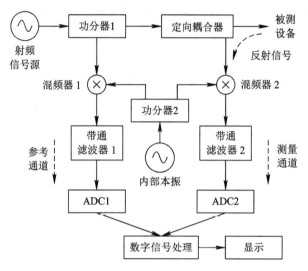

图 7.3　天馈线测试仪的基本结构

天馈线测试仪有两个射频信号源，分别是射频信号源(f_{RF})和内部本振源(f_{LO})，两者通常均工作在扫频模式，且频率差固定为中频信号 $f_{IF} = f_{RF} - f_{LO}$(也可以是 $f_{IF} = f_{LO} - f_{RF}$)。两者的输出信号分别通过功分器 1 和功分器 2 分为两路，一路进入测量通道，一路进入参考通道。

射频信号源的输出信号频率与被测设备(天馈线)的工作频率相同，具有一定功率的扫描射频信号，经过功分器 1 分为两路，其中一路通过定向耦合器进入被测设备。被测设备产生的反射信号由定向耦合器采集并进入混频器 2。混频器 2 将反射信号与内部本振产生的信号进行混频，产生固定中频信号。该中频信号经过带通滤波器 2，滤除天馈线工作频率以外的信号，再经过 ADC2 转换为数字信号，获得天馈线的测试数据。射频信号源输出的另一路信号经过混频器 1 与本振信号进行混频，获得射频信号源参考中频信号，再经过带通滤波器 1 后进行数字量化处理，该量值即为参考数据。

用测试数据与参考数据进行比对分析和计算，即可获得反射信号的比值，从而计算反射系数、传输系数、驻波比、回波损耗等参数。根据测试数据与参考数据的相位差，即可换算出故障定位距离。

7.2.2　天馈线测试仪的主要性能指标

天馈线测试仪的主要指标包括频率范围、驻波比测量范围、回波损耗测量范围、电缆损耗测量范围、故障定位距离、故障定位精度等，其他技术指标还包括频率分辨率、频率精度、输出功率、迹线噪声、发射测量精度、测量带宽、回波损耗测量精度、方向性、扫描速度等。

天馈线测试仪的相关术语如下：

(1) 回波损耗(Return Loss)：又称反射损耗，是传输线端口的反射波功率与入射波功率之比。

回波损耗是表示信号发射性能的参数，通常以 dB 为单位，其值一般大于等于 0。回波损耗越大，表示信号能量被反射的比例越小，信号能量传输的性能越好。与回波损耗近似的一个术语为回波系数(或称反射系数 Γ)，其定义为传输线端口的反射波电压与入射波电压之比。一般情况下从量级角度上看，功率之比是电压之比的平方，在对数域中功率之比是电压之比的 2 倍。因此，回波损耗与回波系数的关系为

$$RL = -20 \lg |\Gamma| \tag{7.1}$$

(2) 驻波比：全称为电压驻波比(Voltage Standing Wave Ratio，VSWR 或 SWR)，是指驻波波腹电压与波谷电压幅度之比，也称为驻波系数。

驻波比是表示天馈线阻抗匹配性能的参数，通常表示为 $x:1$ 或直接表示为 x，其中 x 是大于等于 1 的无单位量值。驻波比 $x = 1$ 时，表示阻抗完全匹配，此时能量完全被传输出去，没有能量反射；驻波比 $x = \infty$ 时，表示全反射，能量完全没有传输出去。

(3) 电缆损耗：对于天馈线测试仪，电缆损耗是指以电缆为测试对象时的回波损耗。

(4) DTF：故障点距离(Distance to Fault)，是一种基于频域反射原理的故障定位方法，可识别同轴电缆和波导传输线路的信号路径衰减，从而精确定位故障位置，评估线路信号传输性能。

在测量 DTF 时，需要根据电缆设置相应的参数。常见参数的设置如下：

① 起始距离/终止距离(或最大距离)，设置距离不应超过电缆的电长度(实际长度×速度因子)，否则将引起假响应。

② 电缆型号：待测电缆的型号。在大多数天馈线测试仪中，一般都预存有大多数型号电缆的参数表，可以调取使用。

③ 速率因子：或称速度因子，是指待测电缆中电磁波传播速度与自由空间电磁波传播速度的比值，该参数与电缆的导体电磁性质、外包装材料、形状、尺寸等都有关系。

④ 损耗因子：或称电缆损耗、线材损耗。不同导线对信号的反射不同，因此在测量不同的电缆时，应当设置电缆的损耗因子，用来补偿激励信号在电缆不同距离上的衰减，其单位一般为 dB/m 或 dB/ft。

⑤ 窗函数：不同窗函数对信号频谱的影响有所区别，频率分辨能力也不同，常用的窗函数包括矩形窗和汉明窗。矩形窗的使用最频繁，其频率识别精度高，但幅值识别精度低。当测试信号包含多个频率分量时，如测试信号是随机的或未知的，则应采用汉明窗，从而区分多个频率点而非能量的大小。

常见电缆的速率因子和损耗因子请参考附录 D。

7.2.3 天馈线测试仪使用前的校准

天馈线测试仪在使用之前应进行校准，通常其生产厂家提供有多种标准校准件，在选择对应的校准件后，按其使用说明书和天馈线测试仪的操作引导即可完成校准工作。校准后的参数自动保存，以供后续测试使用。

详细的校准要求可参考国家计量技术规范 JJF 1740—2019《天馈线测试仪校准规范》。

7.3 测 量 实 例

7.3.1 拉杆天线的测量

最常见的拉杆天线如图 7.4 所示，测量结果如图 7.5 至图 7.8 所示。

图 7.4 天线 1(拉杆天线)

图 7.5 所示为天线 1 的回波损耗迹线。其中起始频率为 1.000 MHz，终止频率为 4.000 GHz，测得回波损耗具有类周期特性，约每 275 MHz 振荡一次，最大时超过 8.4 dB，平均值在 2.2 dB 左右。

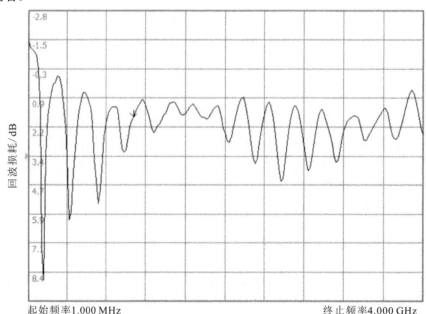

图 7.5 天线 1 的回波损耗迹线

图 7.6 所示为天线 1 的驻波比迹线。从图中可以看出，大多数频点的驻波比远大于 2。

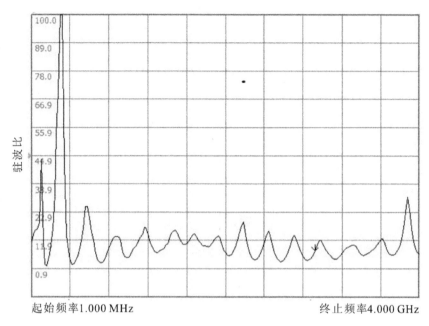

起始频率1.000 MHz　　　　　　　　　　终止频率4.000 GHz

图 7.6　天线 1 的驻波比迹线

图 7.7 所示为天线 1 的 Smith 圆图。

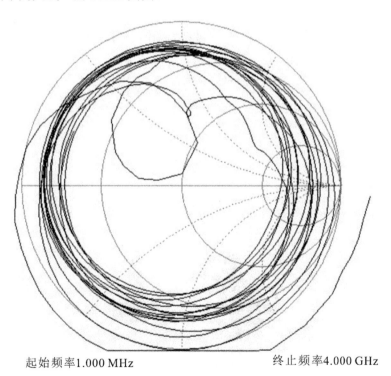

起始频率1.000 MHz　　　　　　　　　　终止频率4.000 GHz

图 7.7　天线 1 的 Smith 圆图

图 7.8 所示为该天线 1 的相位迹线。

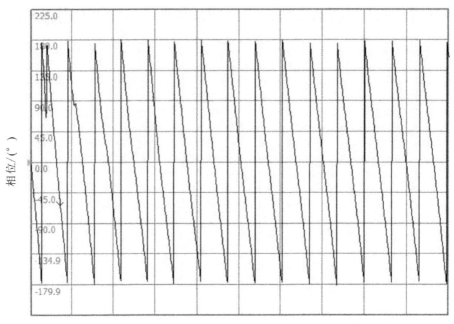

起始频率1.000 MHz   终止频率4.000 GHz

图 7.8   天线 1 的相位迹线

7.3.2   单极子全向天线的测量

图 7.9 所示为某单极子全向天线，其测量结果如图 7.10 至图 7.13 所示。

图 7.9   天线 2(单极子全向天线)

图 7.10 所示为天线 2 的回波损耗迹线。其中起始频率为 1.000 MHz，终止频率为

4.000 GHz，测得回波损耗最大时超过 38.2 dB，平均值在 18.3 dB 左右。

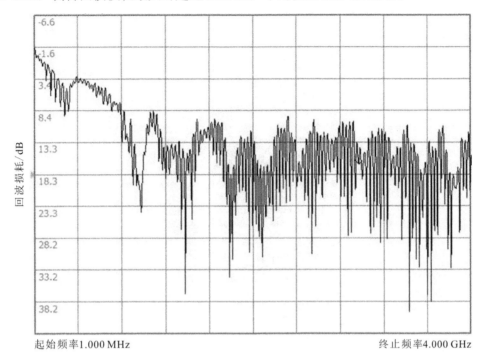

图 7.10　天线 2 的回波损耗迹线

图 7.11 所示为天线 2 的驻波比迹线。从图中可以看出，大多数频点的驻波比接近于 2。

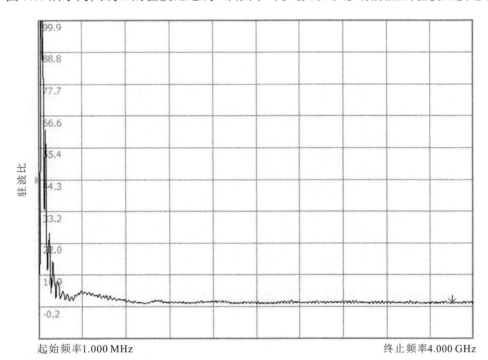

图 7.11　天线 2 的驻波比迹线

图 7.12 所示为天线 2 的 Smith 圆图。

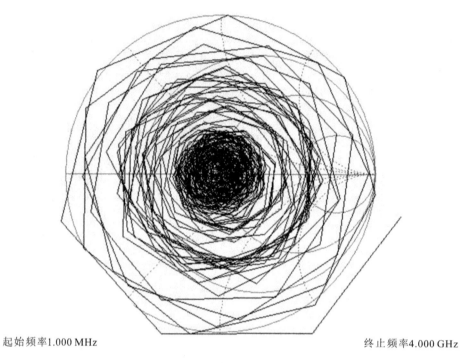

起始频率1.000 MHz   终止频率4.000 GHz

图 7.12　天线 2 的 Smith 圆图

图 7.13 所示为天线 2 的相位迹线。

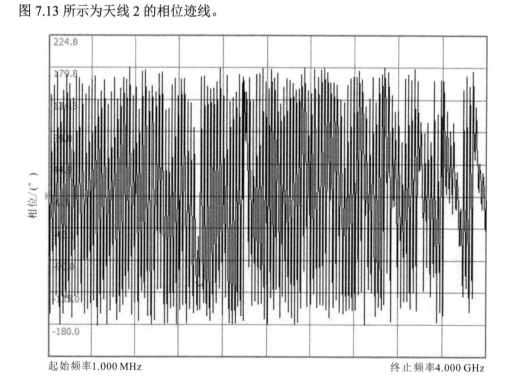

起始频率1.000 MHz   终止频率4.000 GHz

图 7.13　天线 2 的相位迹线

7.3.3　喇叭天线的测量

图 7.14 所示为某喇叭天线，其测量结果分别如图 7.15 至图 7.18 所示。

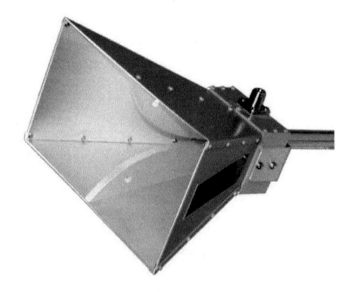

图 7.14　天线 3(喇叭天线)

图 7.15 所示为天线 3 的回波损耗迹线。其中起始频率为 1.000 MHz，终止频率为 4.000 GHz，测得回波损耗最大时超过 29.0 dB，平均值在 13.8 dB 左右。

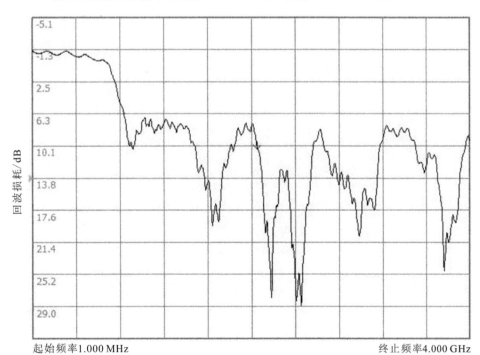

图 7.15　天线 3 的回波损耗迹线

图 7.16 所示为天线 3 的驻波比迹线。从图中可以看出，大多数频点的驻波比接近于 2。

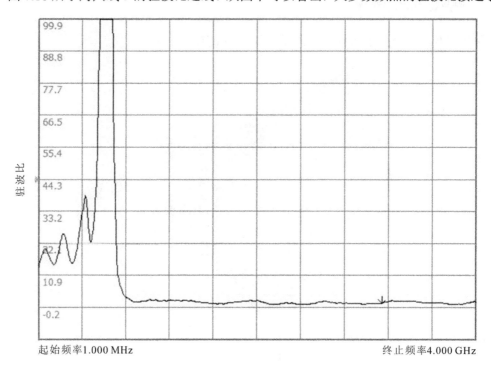

起始频率1.000 MHz   终止频率4.000 GHz

图 7.16   天线 3 的驻波比迹线

图 7.17 所示为天线 3 的 Smith 圆图。

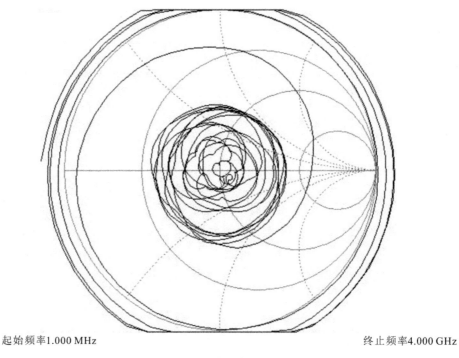

起始频率1.000 MHz   终止频率4.000 GHz

图 7.17   天线 3 的 Smith 圆图

图 7.18 所示为天线 3 的相位迹线。

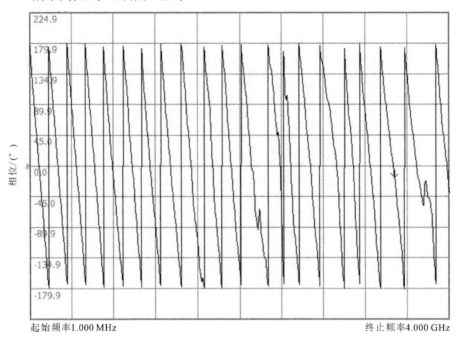

起始频率1.000 MHz　　　　终止频率4.000 GHz

图 7.18　天线 3 的相位迹线

图 7.19 所示为打开极限标志功能时的天线 3 的驻波比测量迹线。图中横线为极限标志，配置为 2。从图 7.19 中可以看出，在 1~4 GHz 范围内，大多数频点的驻波比均在 2 上下，最优时为 1.08。某些天馈线测试仪还具有提示功能，当测量频率范围内的驻波比高于设定的极限标志时，测试仪会通过音调进行提示。

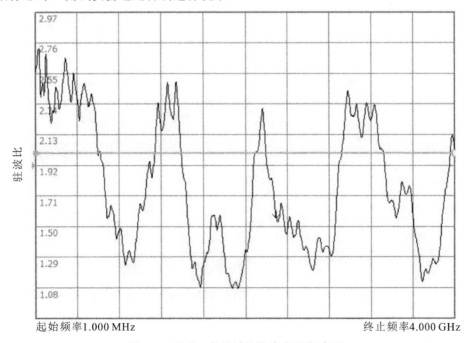

起始频率1.000 MHz　　　　终止频率4.000 GHz

图 7.19　天线 3 的驻波比迹线(极限标志开)

7.3.4 电缆 DTF 的测量

将一长度约为 2 m 的 RG-316 型射频电缆(如图 7.20 所示),一端连接至天馈线测试仪,另一端开路(模拟电缆开路故障),进行电缆 DTF 的测试,结果如图 7.21 至图 7.23 所示。

图 7.20　RG-316 型射频电缆

图 7.21 所示为电缆损耗的测量结果,电缆损耗的迹线总体呈非线性下降趋势,即传输信号的频率越高,电缆引入的损耗越大。

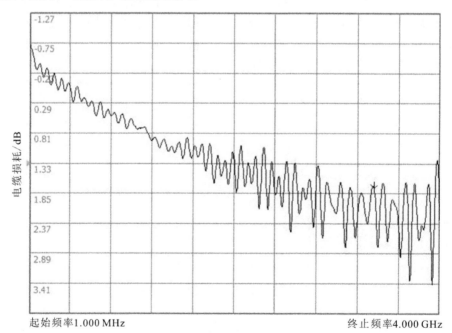

图 7.21　电缆损耗迹线

图 7.22 所示为 DTF 回波损耗的测量结果,测得的 DTF 回波损耗最大值(图中 M1 标记点的回波损耗为 2.582 dB)出现在 2.00 m 位置,表示电缆的故障位置与电缆测试信号注入端的距离为 2.00 m。

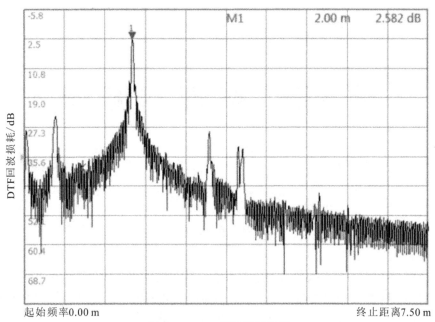

图 7.22　DTF 回波损耗迹线

图 7.23 所示为 DTF 驻波比的测量结果,测得的 DTF 驻波比最大值为 6.777,故障点距离显然是相同的。

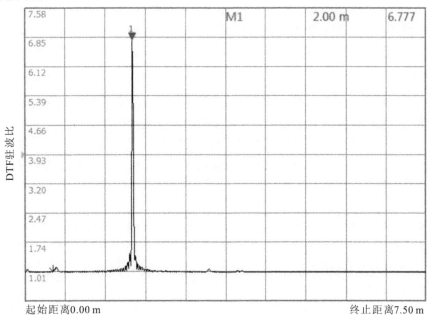

图 7.23　DTF 驻波比迹线

第8章 射频功率计

本章主要介绍射频功率及其测量，射频功率计的基本工作原理、主要性能指标、分类、射频功率计的使用操作以及测量实例等。

8.1 射频功率及其测量

射频功率表征了射频/微波信号的功率大小，常用的单位是 W 或者是 dBm。射频功率采用温度定标，即当射频信号与另外一个直流信号在相同的负载上产生相同的上升温度的时候，射频信号的功率等于对应的直流信号的功率，此时射频信号的均方根(RMS)电压值等于对应的直流电压值。射频系统的标准负载通常为 50 Ω，即

$$P_{RF} = P_{DC} = \frac{U_{RMS}^2}{R} = \frac{U_{RMS}^2}{50}$$

功率是衡量射频信号传输特性的重要指标之一。对于射频信号功率的测量，常用的仪器包括：射频功率计、频谱分析仪、信号分析仪、网络分析仪、接收机、综测仪等。

1. 射频功率计

射频功率计是测量射频功率的标准仪器。常见的射频功率计通常分为主机和功率探头两个组成部分，功率探头为其核心部件。常见的功率探头包括热电功率探头和二极管功率探头两类。其中，热电功率探头通过热电元件(如热电偶、热电堆、热敏电阻等)实现功率的测量，二极管功率探头则利用二极管检波器获取信号的电压，在阻抗已知的条件下，通过计算得到功率值。二极管功率探头通常具有平方律特性，即输出电压与输入电压的有效值(即平方)呈线性关系。

按照被测信号的类型，射频功率计分为平均功率计(即连续波功率计)和峰值功率计(也称脉冲峰值功率计)两大类。所有类型的射频功率计都能准确测量信号的平均功率，但只有内置宽带二极管检波器的峰值功率计才能测量峰值功率及其时域曲线和统计特性。

射频功率计存在以下缺点：

(1) 不具有选频能力，即不能区分信号的频率，测量值是其工作频段内所有频率信号的总平均功率。

(2) 功率计的灵敏度不高，通常热电探头的灵敏度 > -50 dBm，二极管探头的灵敏度 > -70 dBm，在测量小信号时的准确度不足(可以采用多次平均来弥补)。

2. 频谱分析仪

频谱分析仪并非专门测量射频功率的仪器，大多数频谱分析仪在实现功率测量时需配

备外置的功率探头，一般作为选配附件。

在不使用功率测量附件时，对于射频信号的功率测量，频谱分析仪仅对以下两种信号有效：

(1) 被测信号为单载波信号。

(2) 被测信号带宽小于分辨率带宽，且频点间隔小于分辨率带宽的1/4。

此时用频谱仪测得的功率才是对应信号的功率，即使如此，其测量精度仍低于射频功率计。

对于带宽超过频谱分析仪分辨率带宽的被测信号，可以通过信道功率或带内功率测量功能进行测试，此时检波器采用有效值检波，且应保持足够长的扫描时间以获得稳定的曲线或数值。

3. 信号分析仪与综测仪

信号分析仪与综测仪均通过宽带 I/Q 解调分析，获取信号对应的功率，适用于宽带信号的功率测量，且能够获得信号功率的时域变化曲线，配合对应的解调分析功能，还能够获得目标功率值。

4. 网络分析仪和接收机

网络分析仪和接收机两者的功率测量原理和特性一致，均利用定向耦合器测量信号的功率。在进行功率测量之前，需要对网络分析仪进行专门的校准。

8.2 射频功率计

8.2.1 射频功率计的基本工作原理

简单的射频峰值功率计工作原理如图 8.1 所示。

图 8.1 峰值功率计工作原理

(1) 二极管检波器具有宽带特性，其输出波形为输入脉冲信号的快速变化包络，通过对二极管检波器输出电平的转换和补偿，即可得到瞬时功率。

(2) 低噪声放大器对二极管输出信号进行必要的幅值放大或减小，以适应视频滤波器的最佳匹配输入。

(3) 视频滤波器用于滤除工作带宽之外的噪声信号。

(4) ADC(模数转换器)以非常高的转换速率(如 1GSa/s)对信号进行采样，捕获二极管检波器输出信号的时域变化。

(5) MPU(微处理器)通过对 ADC 的数据计算得到峰值功率、脉冲宽度、周期、上升时间、下降时间等信号参数。

(6) 显示器显示测量结果。

实际上，典型的峰值功率计会通过两条路径分别测量平均功率和峰值功率。

采用二极管检波器的峰值功率计和平均功率计的区别主要是 ADC 的带宽和采样率，前者更宽、更高，以便捕获脉冲信号、复杂调制信号等时域变化的细节。

8.2.2 射频功率计的主要性能指标

射频功率计的主要性能指标包括：频率范围、功率测量范围、参考校准源、功率测量线性度、功率传感器阻抗特性等。

1. 频率范围

频率范围指的是能满足功率计各项技术指标要求，保证功率计可靠工作的输入信号的频率范围。无论是热敏功率计、热偶功率计或二极管功率计，功率测量功能主要依靠功率传感器热效应或二极管检波完成，功率计部分的主要作用是放大并测量经功率传感器检测后的输出信号，因此该指标主要取决于功率传感器。例如某型号功率传感器，生产厂家给定的频率范围是 10 MHz～18 GHz，表示该功率传感器只能测量频率范围在 10 MHz～18 GHz 内的微波信号的功率，如果被测信号的频率超出该频率范围，那么功率计测量结果的准确性无法得到保证，测量结果无效。

2. 功率测量范围

功率测量范围是功率计所能准确测量的最小功率到最大功率的范围。其下限主要取决于功率传感器的灵敏度，上限是功率传感器的损坏电平功率。如果被测信号的功率小于或接近传感器灵敏度的下限，那么功率传感器本身的噪声电平会对测量结果产生很大的影响；如果被测信号的功率大于传感器灵敏度的上限，那么测量结果会产生非线性失真，更严重的情况可能会损坏功率传感器。

3. 参考校准源

参考校准源是功率计内部输出的高精度功率源。功率计每次进行功率测量之前，需要对功率传感器进行清零和自校操作，自校的过程是将功率传感器连接到功率计的参考校准源，然后功率计内部进行调整和补偿，使得功率传感器测量结果保持准确。因此参考校准源的准确度要求比功率传感器高。

4. 功率测量线性度

在二极管功率传感器中，其功率测量区分为平方律区、过渡区和线性区三个部分。每个区域输出电压和输入电压的转换关系不同，当二极管的检波特性开始偏离平方律时，输出电压与输入电压不再成正比，会产生线性误差。在热电偶功率传感器中，热电偶元件既是吸收高频功率的负载，又是热电转换元件。由于热电偶的非线性，使功率灵敏度随着功率电平的变化而发生变化。在某功率电平下，校准的功率灵敏度具有一个特定的值。这样在不同的功率电平下测量时，将引入一项非线性误差。为了减小或消除非线性误差，需要增加相应功率电平的修正系数。

5. 功率传感器的阻抗特性

功率传感器的阻抗特性可用反射系数、回波损耗或电压驻波比(VSWR)来表征。传感器的设计和制造过程中，总是尽可能减少电压驻波比的影响，最大限度地减少功率传感器反射造成的功率测量的不确定度。

8.2.3 射频功率计的分类

1. 按接入方式分

射频功率计按照其在被测系统中的接入方式，可分为终端式和通过式两种。

(1) 终端式功率计：把功率计探头作为被测系统的终端负载，功率计吸收全部待测功率，由功率指示器直接读取功率值。一般低功率的射频功率计采用此方式。

(2) 通过式功率计：利用某种耦合装置，如定向耦合器、耦合环、探针等，从传输的功率中按一定的比例耦合出一部分送入功率计进行度量，传输的总功率等于功率计指示值乘以比例系数。

2. 按功率传感器类型分

按照功率传感器类型，射频功率计可分为热电阻型、热电偶型、量热式、晶体管检波式功率计等。

(1) 热电阻型功率计：使用热变电阻作为功率传感元件。热变电阻的温度系数较大，它吸收被测信号的功率后产生热量，使其自身温度升高，电阻值发生显著变化，利用电阻电桥测量电阻值的变化，显示相应的功率值。

(2) 热电偶型功率计：热电偶型功率计中的热偶结直接吸收高频信号功率，使结点温度升高，产生温差电势，电势的大小正比于吸收的高频功率值。

(3) 量热式功率计：典型的热效应功率计，利用隔热负载吸收高频信号功率，使负载的温度升高，再利用热电偶元件测量负载的温度变化量，根据产生的热量计算高频功率值。

(4) 晶体管检波式功率计：晶体二极管检波器将高频信号变换为低频或直流电信号，适当选择工作点，使检波器输出信号的幅度正比于高频信号的功率。

3. 按被测信号类型分

按照被测信号的类型，射频功率计可分为连续波功率计和脉冲功率计。

(1) 连续波功率计：以连续波信号为功率测量对象的功率计。

(2) 脉冲功率计：以脉冲信号为功率测量对象的功率计。

4. 按测量参数的含义分

按照测量参数的含义，射频功率计可分为平均功率计和峰值功率计。

(1) 平均功率计：测量结果为平均功率。

(2) 峰值功率计：测量结果为峰值功率。

8.3 射频功率计的使用操作

8.3.1 使用前的校准

功率计的校准分为两个方面：一是功率计主机的校准，二是功率计探头的校准。

若信号接口为模拟接口，则对于功率计主机，一般设置有可溯源国家标准的校准源，在主机开机预热过程中，该校准源会自动校准。同时，主机的校准源还可以用于外部功率计探头的校准。若功率计主机信号接口为数字接口，则功率测量功能一般均由功率计探头完成，功率计主机无需校准。

对于功率计探头，根据品牌型号的不同，可以采用以下三种方式进行校准：

(1) 使用功率计探头内部自带的校准功能进行校准，通常自动完成，无需手动操作。

(2) 使用功率计主机中的校准源进行校准，需手动操作。

(3) 使用外部输入信号进行校准，需手动操作。

此外，在以下情况下通常需要进行校准：

(1) 更换功率计主机或者功率计探头时，需要重新校准。

(2) 当环境温度变化过大时，会造成系统温度漂移过高，功率测量误差变大，故此时需要重新校准。功率计一般对环境温度自动进行监测，当环境温度超限时自动进行提示。

当测量较小的信号，例如信号功率低于-40 dBm时，为消除功率计探头和被测设备之间由于接地噪声造成的误差，也需要重新校准。

8.3.2 平均功率的测量

平均功率测量的相关术语如下：

(1) 平均功率：功率计工作带宽范围内所有输入信号的功率平均值。

(2) 校准因子：功率计/功率探头中存储的各个频点功率测量的修正值。

测量平均功率相对而言比较简单，一般步骤如下：

(1) 连接平均功率计探头至功率计主机，开机后按要求进行预热(如15分钟)。

(2) 按照仪器的校准引导提示，完成校零和校准。

(3) 根据输入信号参数设置被测信号的频率值，以保证系统调用正确的校准因子，确保测量的准确度。

(4) 读取信号的平均功率。

在实际应用中，并非每次测量都需要校零和校准。

8.3.3 峰值功率的测量

峰值功率测量的相关术语如下：

(1) 测量门：当前峰值功率测量所采用的特定时间段，该值是相对于触发位置的。

(2) 平均功率：当前测量门内功率的平均值。

(3) 峰值功率：当前测量门内所有功率点的最大值。

(4) 峰均比：当前测量门内所有功率点中峰值功率与平均功率的比值。

(5) 最小功率：当前测量门内所有功率点的最小值。

(6) 极值比：当前测量门内所有功率点最大功率和最小功率的比值。

(7) CDF：累积分布函数，表示特定样本中功率电平小于或等于某个特定值的采样点在整个样本中所占的百分比。

(8) CCDF：互补累积分布函数，表示特定样本中功率电平大于或等于某个特定值的采样点在整个样本中所占的百分比。

CCDF 主要应用于通信系统的信号混合、功率放大和信号解码的性能分析，可用于查看调制方式、信号混合的效果，评估扩频系统。CCDF 也可表示为 1 − CDF。在 CCDF 图形中，横轴表示峰均比，单位为 dB；纵轴表示大于等于某一分贝值的功率电平所出现的概率。

峰值功率测量获得的参数更为丰富，一般步骤如下：

(1) 连接峰值功率计探头至功率计主机，开机后按要求进行预热和校准。

(2) 显示波形迹线，将波形显示出来。

(3) 根据迹线设置合适的触发方式、触发源、触发电平。

(4) 调整垂直刻度和水平刻度，显示多个周期的连续波形，以提高测量的准确度。

(5) 读取功率参数。

在实际应用中，上升时间和下降时间等参数在多个周期显示时往往由于水平刻度较大而无法获取，此时应针对测量参数进行水平刻度和触发参数的调整。

8.4 测 量 实 例

8.4.1 平均功率的测量

将射频功率计连接平均功率探头，预热、校准后输入一单载波信号，如频率为 10 MHz、功率为 10 dBm 的正弦波信号，功率计的测量结果如图 8.2 所示，被测信号的平均功率值为 10 dBm。

B　　10.00MHz　ƒ　　通道偏置开

10
dBm

本地　测量中

图 8.2　平均功率测量结果

8.4.2 峰值功率的测量

将射频功率计连接峰值平均功率探头，预热、校准后输入一脉冲已调信号，如频率为 10 MHz、功率为 10 dBm、脉冲周期为 20 μs、脉冲宽度为 10 μs 的信号，功率计的测量结果如图 8.3 至图 8.8 所示。

图 8.3 所示为功率参数，其中：标记 1 和标记 2 处的功率分别为 −30.83 dBm 和 −30.52 dBm，标记之间信号的平均功率为 +5.06 dBm，峰值功率为 +8.63 dBm；在测量门之内，测得的平均功率为 +4.61 dBm，峰值功率为 +7.84 dBm，峰均比为 +3.23 dB，过冲为 +0.31 dB；脉冲的顶部功率为 +7.54 dBm，底部功率为 −28.48 dBm，脉冲功率为 +7.61 dBm。

标记1：-30.83dBm	平均功率：+4.61dBm	顶部功率：+7.54dBm
标记2：-30.52dBm	峰值功率：+7.84dBm	底部功率：-28.48dBm
标记平均：+5.06dBm	峰均比：+3.23dB	脉冲功率：+7.61dBm
标记峰值：+8.63dBm	过冲：+0.31dB	脉冲顶降：--.--

本地

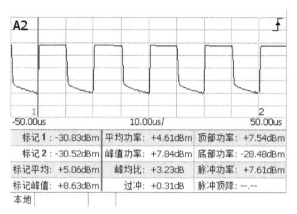

图 8.3　峰值功率测量的功率参数

图 8.4 所示为时间参数，其中：标记 1 和标记 2 位于 −40 μs 和 +40 μs 处，标记之间信号的时间间隔为 80 μs；脉冲的上升时间、下降时间水平刻度较大无法测得，脉冲的宽度为 9.920 μs，脉冲周期为 20.00 μs；脉冲的占空比为 49.65%，脉冲频率为 50.0 kHz，关闭时间为 10.08 μs，边沿延时为 320.0 ns。

标记1：-40.00us	上升时间：--.--	占空比:49.65 %
标记2：40.00us	下降时间：0.000s	脉冲频率:50.00kHz
标记△T：80.00us	脉冲宽度：9.920us	关闭时间：10.08us
	脉冲周期：20.00us	边沿延时：320.0ns

本地

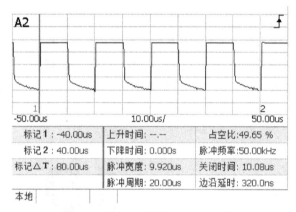

图 8.4　峰值功率测量的时间参数

图 8.5 所示为文本参数，其中各参数的数值由于测量时间的不同有所差异，但大致相同。

参数	通道A	通道B
上升时间	--.--	--.--
下降时间	--.--	--.--
脉冲宽度	9.940us	--.--
脉冲周期	20.00us	--.--
脉冲频率	50.00kHz	--.--
占 空 比	49.74 %	--.--
脉冲功率	6.823mW	--.--
脉冲平均	3.412mW	--.--
脉冲峰值	7.211mW	--.--
过　冲	106.9 %	--.--
顶部功率	6.745mW	--.--
底部功率	1.535uW	--.--
脉冲顶降	--.--	--.--
边沿延时	320.0ns	--.--

本地　测量中

图 8.5　峰值功率测量的文本参数

图 8.6 所示为减小水平刻度，即展宽上升沿时，对上升时间进行测量的结果，测得脉冲上升时间为 39.60 ns。

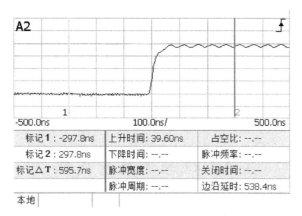

图 8.6　峰值功率测量的上升时间测量

图 8.7 所示为 CCDF 统计显示图，计时时间为 00:01:40，计数为 100.02M。

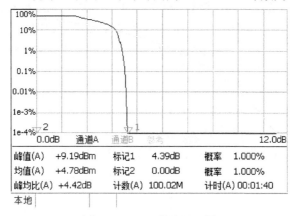

图 8.7　CCDF 统计显示图

图 8.8 所示以统计列表的形式，给出了几个关键点的 CCDF 统计测量结果，以及平均功率和峰值功率。

	通道A	通道B
10%	3.76dB	
1%	4.06dB	
0.1%	4.21dB	
0.01%	4.27dB	
0.001%	4.31dB	
0.0001%	4.34dB	
>　10%	3.76dB	
>　1.00dB	49.8%	
平均功率	4.78dBm	
峰值功率	9.16dBm	

本地

图 8.8　CCDF 统计列表

第9章 数据处理和远程访问

本章主要介绍仪器的数据处理和仪器的远程访问。

9.1 仪器的数据处理

9.1.1 测量数据的保存与调阅

大部分现代电子测量仪器均以微处理器为核心，以闪存为数据存储介质，因此能够对测量结果进行保存和调阅。同时，现代电子测量仪器还提供 USB、串口、以太网口、蓝牙等多种数据交互接口，以便用户能够访问仪器的测试数据和画面，并能将数据和画面传输至计算机进行进一步分析和处理。

通常将仪器数据保存按键标识为"文件(File)""保存(Save)""硬拷贝(Hardcopy)"等，有时也放在"实用(Utility)"按键对应的菜单中，其操作大同小异。

测试数据通常包含以下两种基本形式：

(1) 截屏方式：截取仪器的显示画面，保存为 BMP、JPG、PNG 等图片文件格式，如图 9.1 所示。

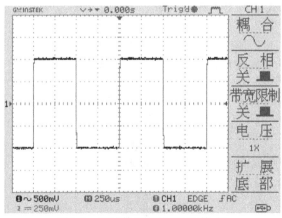

图 9.1 测试数据文件(BMP 格式)

(2) 数据方式：通常采用 CSV 文件格式如图 9.2 所示。

CSV 文件格式是指逗号分隔值文件(Comma-separated Value)，即文件中的数据以纯文本形式存储，以逗号(也可以是其他符号，如";")作为分隔符的文件。该文件在 Windows 系统中默认以 Excel 软件打开，通常作为不同程序之间表格数据转移之用。除 Excel，所有文本文件读取软件均可访问 CSV 文件，如 Notepad、UltraEdit 等。

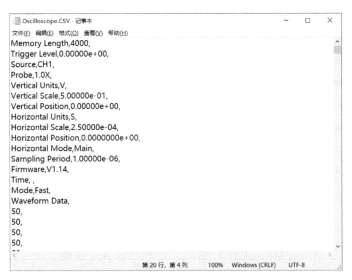

图 9.2 测试数据文件部分内容(CSV 格式)

图 9.2 所示 CSV 文件中：Memory Length 表示示波器的存储深度；Trigger Level 表示触发电平；Source 表示通道；Probe 表示倍乘系数；Vertical Units 表示垂直单位，即垂直通道各参数的单位；Vertical Scale 表示垂直挡位；Vertical Position 表示 0 V 标记的位置；Horizontal Units 表示水平单位，即水平通道各参数的单位；Horizontal Scale 表示水平挡位；Horizontal Position 表示水平标记的位置；Horizontal Mode 表示水平模式；Sampling Period 表示采样周期；Firmware 表示固件版本号；Time 表示时间；Mode 表示模式；Waveform Data 表示波形数据。

数据保存至外部存储器时，可能出现失败的情形，其原因有以下几点：

(1) 存储器格式错误，某些仪器对于外部 USB 存储器文件格式有特殊要求，一般在使用说明书或用户手册中说明。

(2) 存储器存在多分区情况，某些仪器不支持多分区 USB 存储器，此时应使用单一分区的 USB 存储器。

(3) 存储器可用空间不足。

9.1.2 用 Matlab 访问 CSV 文件的方法

用 Matlab 访问 CSV 文件的方法有以下几种：

1. 使用 csvread 函数

函数使用方法如下：

(1) M = csvread('FILENAME')。

(2) M = csvread('FILENAME',R,C)。

(3) M = csvread('FILENAME',R,C,RNG)。

第一种方法中，直接输入文件名，将数据读到矩阵 M 中。这里要求 CSV 文件中只能包含数字。

第二种方法中，除了文件名，还指定了开始读取位置的行号(R)和列号(C)。这里，行号、列号以 0 开始计数。也就是说，R=0，C=0 表示从文件中第一个数开始读。

第三种方法中，RNG 限定了读取的范围。RNG= [R1 C1 R2 C2]，这里(R1, C1)是读取区域的左上角，(R2, C2)是读取区域的右下角。在使用这种方法时，要求 R1=R，C1=C。

2. 使用 importdata 函数

函数使用方法如下：

(1) importdata(FILENAME)。

(2) importdata(FILENAME, DELIM)。

(3) importdata(FILENAME, DELIM, NHEADERLINES)。

第一种方法中，直接输入文件名。

第二种方法中，除了文件名，还指定了列分隔符 DELIM。DELIM 可以是"，"，也可以是"；"、空格等。

第三种方法中，NHEADERLINES 限定了行头的位置，读取文件时将跳过该行以上的内容，即数据从 NHEADERLINES+1 行开始读取。

3. 直接拖到 Matlab 的工作区

如果文件中全部都是数据，那么可以直接将数据拖到 Matlab 的工作区内。在保证所有数据都被选中的情况下，在工具栏的"导入的数据"中选择要导入数据的类型，如果全部为数据，则可以导出为列矢量或者数值矩阵。

然而，大多数电子测量仪器保存的 CSV 文件不仅仅包含数据，还包含仪器工作参数和对数据进行解释的必要信息，因此实际上该方法并不可行。

9.1.3 测量数据处理实例 1

例如，在 Matlab R2015b 中对图 9.2 中保存的 CSV 数据文件进行处理，代码如下：

```matlab
clc, clear all, close all;                              % 清除所有
filename = 'Oscilloscope.CSV';
VerticalScale = csvread(filename,5,1,[5 1 5 1]);        % 垂直挡位
VerticalPosition = csvread(filename,6,1,[6 1 6 1]);     % 垂直位置
HorizontalScale = csvread(filename,8,1,[8 1 8 1]);      % 水平挡位
HorizontalPosition = csvread(filename,9,1,[9 1 9 1]);   % 水平位置
SamplingPeriod = csvread(filename,11,1,[11 1 11 1]);    % 采样周期
WaveformData = csvread(filename,16,0,[16 0 4015 0]);    % 波形数据

t = (1:1:length(WaveformData))*SamplingPeriod;          % 计算时间
ch1 = WaveformData/100/VerticalScale;                   % 计算通道 1 电压
t_min = 0;                                              % 计算坐标轴刻度
t_max = max(t);
y_min = -4*VerticalScale-VerticalPosition;
y_max = 4*VerticalScale-VerticalPosition;
```

```
plot(t, ch1);                                    % 绘图
axis([t_min t_max y_min y_max]);
xlabel('Time(s)');
ylabel('Amplitude(V)');
grid on;
```

生成的图形如图 9.3 所示。

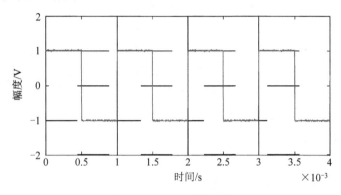

图 9.3　Matlab 分析结果 1

需要说明的是，图 9.1 中示波器并未显示所有采样点，仅显示了中间的 2500 个数据点的值，在示波器中可以通过移动水平光标位置来左右移动波形。图 9.3 则显示了一次采样所获得的所有 4000 个数据点，因此显示的波形时间更长。经过 Matlab 分析得到的波形数据与示波器显示相同，并可对数据进行更多的分析处理。

9.1.4　测量数据处理实例 2

某频谱分析仪采集的部分 CSV 数据如图 9.4 所示。

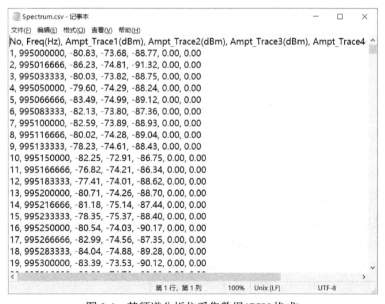

图 9.4　某频谱分析仪采集数据(CSV 格式)

该文件以若干行表示各个迹线中频点对应的幅值，第一行为标题，包括以下 7 项：

- No：序号；
- Freq(Hz)：点频，单位 Hz；
- Ampt_Trace1(dBm)：迹线 1 幅值，单位 dBm；
- Ampt_Trace2(dBm)：迹线 2 幅值，单位 dBm；
- Ampt_Trace3(dBm)：迹线 3 幅值，单位 dBm；
- Ampt_Trace4(dBm)：迹线 4 幅值，单位 dBm；
- Ampt_Trace5(dBm)：迹线 5 幅值，单位 dBm。

接下来每一行对应于一个频点，例如第一行为"1, 995000000, −80.83, −73.68, −88.77, 0.00, 0.00"表示序号 1 的频点频率为 995 000 000 Hz，迹线 1 幅值为 −80.83 dBm，迹线 2 幅值为 −73.68 dBm，迹线 3 幅值为 −88.77 dBm。迹线 4、5 的幅值为 0，表示未使用。

采用如下 Matlab 代码进行处理：

```
clc, clear all, close all;                          % 清除所有
filename = 'Spectrum.CSV';
f = csvread(filename,1,1,[1 1 601 1]);              % 频率数据
Ampt = csvread(filename,1,2,[1 2 601 4]);           % 迹线数据
plot(f,Ampt);                                        % 绘图
xlabel('Freq(Hz)');
ylabel(Ampt(dBm)')
grid on;
legend('常规','最大保持','最小保持');
```

生成的图形如图 9.5 所示。

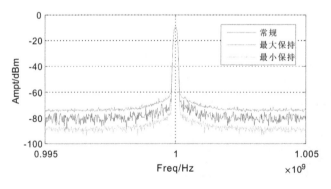

图 9.5　Matlab 分析结果 2

从图 9.5 中可以看出：

- 中心频率为 1 GHz。
- 频谱仪扫宽为 0.995～1.005 GHz，即 10 MHz。
- 三条迹线分别为"常规""最大保持"和"最小保持"。
- 峰值点功率为 −10 dBm 左右。
- 底噪为 −80 dBm 左右。

9.2 仪器的远程访问

9.2.1 GPIB 标准

GPIB(General Purpose Interface Bus，通用接口总线)是由 IEEE 协会定义的一种测试仪器接口标准，为 PC 和可编程仪器之间的连接定义了电气、机械、功能和软件特性。在电子测量领域中，GPIB 是常用的接口方式之一，如图 9.6 所示，它具有使用方便、费用低廉等优点。

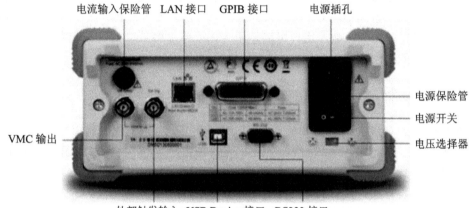

图 9.6 GPIB 接口

随着技术的发展，GPIB 逐渐发展为 IEEE488 标准，是虚拟仪器早期的发展阶段。

9.2.2 LXI 规范

LXI(LAN eXtension Instrument)是一种基于以太网技术的仪器平台，也可以看作是仪器的一种外部访问接口规范。

最初的 LXI 规范严格基于 IEEE802.3、TCP/IP、网络总线、网络浏览器、IVI-COM 驱动程序、时钟同步协议(IEEE1588)和标准尺寸。相比于带有昂贵电源、背板、控制器的模块化插卡框架标准 VXI 和 PXI，LXI 模块带有自己的处理器、LAN 连接、电源等，每个 LXI 模块既可以独立工作，也可以通过 LXI 接口集成在一起协同工作。最初的 LXI 规范要求各个单元采用 19 英寸标准机架尺寸进行设计，宽度为全宽或半宽，高度为 1U 或 2U，信号输入输出布置在 LXI 模块前面板，LAN 和供电则布置在 LXI 单元的后面板。由于具有比较统一的外形尺寸和接口规范，因此能够快速组装和集成。

随着 LXI 技术的发展和仪器功能扩展的需要，越来越多的现代化数字仪器采用了 LXI 接口规范，虽然这些仪器的外形尺寸和安装方式并不严格遵循 LXI 规范，有些甚至无法安装到 19 英寸标准机架，但其电气接口仍然遵循 LXI 规范的相关要求。

采用 LXI 规范，仪器就能通过以太网和 IVI-COM 驱动程序进行远程访问控制。IVI-COM 驱动程序即基于 COM(Component Object Model，组件对象模型)的 IVI(可互换虚拟仪器)驱动程序。COM 是基于 Windows 平台的一套组件对象接口标准，由一组构造规范和组件对象组成。COM 与一般面向对象的概念类似，但又有不同。对象由数据成员和作用在其上的方法构成，但 COM 不使用方法，而是用接口来描述。接口被定义为"在对象上实现的一组语义上相关的功能"，其实质是一组函数指针表，每个指针指向某个具体的函数体。IVI 是一种驱动设计标准，也可以理解为访问 LXI 仪器的软件接口。

9.2.3　NI-VISA 库

NI-VISA(National Instrument-Virtual Instrument Software Architecture，NI 虚拟仪器软件结构)是 National Instrument 公司根据 VISA 标准提供的一套 I/O 函数库及其相关规范的总称。其中，VISA 库函数是一套可方便调用的函数，其核心函数能够控制各种类型器件，无需考虑器件的接口类型和不同 I/O 接口软件的使用方法。VISA 库封装了底层的 VXI、GPIB、LAN 及 USB 接口的传输函数，用户可以基于 VISA 库 API 接口编写仪器的访问程序，完成计算机与仪器间的命令和数据传输，实现对仪器的程控。

9.2.4　SCPI 命令

SCPI(Standard Commands for Programmable Instruments，可编程仪器标准命令集)是一个建立在 IEEE488.1 和 IEEE488.2 标准基础上，遵循 IEEE754 标准中浮点运算规则和 ISO646 信息交换 7 位符号编码(相当于 ASCII 字符集)等多种标准的仪器编程语言。SCPI 语言的主要目的是使仪器设备具有相同的程控命令，以实现程控命令的通用性。

SCPI 命令为树状层次结构，包括多个子系统，每个子系统由一个根关键字和一个或数个层次关键字构成。命令行通常以冒号":"开始；关键字之间用冒号":"分隔，关键字后面跟随可选的参数设置；命令行后面添加问号"?"，表示对此功能进行查询；命令和参数以空格分开。例如以下两条命令：

　　　　:CALCulate:BANDwidth:NDB <rel_ampl>

　　　　:CALCulate:BANDwidth:NDB?

其中：第一条命令中的"CALCulate"是命令的根关键字，"BANDwidth"和"NDB"分别是第二级、第三级关键字。命令行以冒号":"开始，同时将各级关键字分开，<rel_ampl>表示可设置的参数，参数和关键字之间用空格分开；第二条命令中的问号"?"表示查询，即查询设置的":CALCulate:BANDwidth:NDB"参数值。

SCPI 命令具备面向测试功能，无需关心仪器操作，与仪器的物理层硬件无关，与编程方法和编程语言也无关，因此具有良好的可移植性、跨平台性。同时 SCPI 命令的关键字可以自行增加，具有良好的可扩展性，使其成为"活"的标准。

9.2.5　远程访问实例

下面以普源 RSA5065N 频谱分析仪(实物如图 1.4 所示)为例，该仪器符合 LXI Core2011 规范，可以通过以下两种方式实现远程控制。

1. 借助厂家或第三方提供的软件进行远程控制

普源提供的 PC 软件 Ultra Sigma 可以直接实现仪器的发现和控制。运行 Ultra Sigma 后，

Ultra Sigma 自动搜索资源并列表显示，如图 9.7 所示。

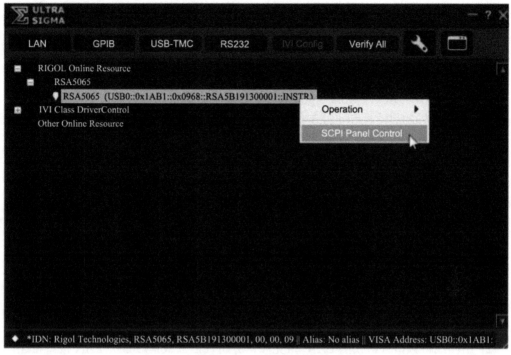

图 9.7　Ultra Sigma 主界面

右击资源名称，在弹出的菜单中选择"SCPI Panel Control"。在弹出的 SCPI 控制面板 (如图 9.8 所示)中输入正确的命令并点击"Send Command""Read Response"或者"Send & Read"按钮，以验证连接是否成功。

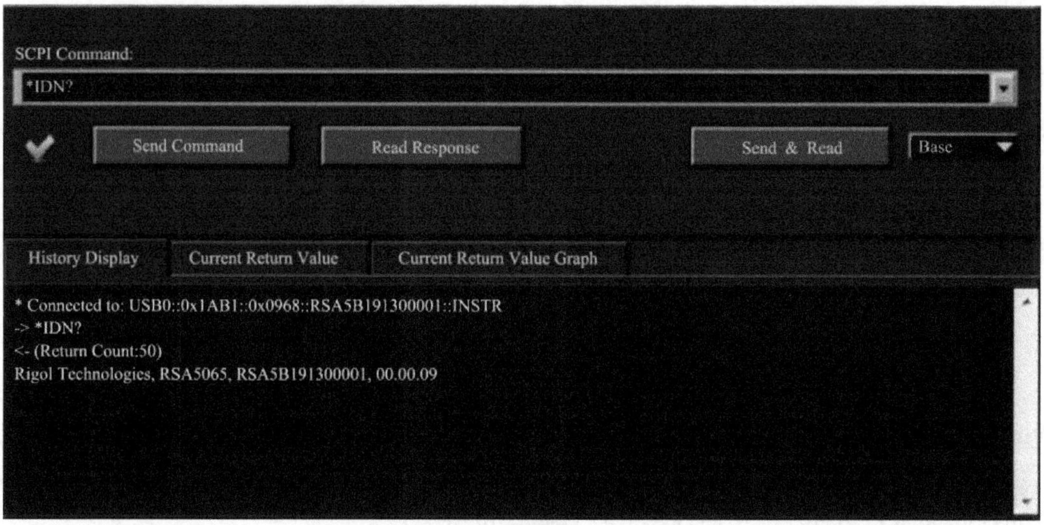

图 9.8　SCPI 控制面板

图 9.8 中"*IDN?"为 SCPI 命令之一，其功能是查询仪器的 ID 字符串。命令返回内容为

Rigol Technologies, RSA5065, RSA5B191300001, 00.00.09

其中：Rigol Technologies 为厂商名称；RSA5065 为仪器的型号；RSA5B191300001 为仪器的序列号；00.00.09 为仪器的软件版本。

更多 SCPI 命令请参考普源官方的《RSA5000 系列实时频谱分析仪编程手册》。

2. 自编程序进行远程控制

与专用的远程控制软件 Ultra Sigma 相比，自编程方式需要较高的仪器理解和程序开发能力，但具有更好的灵活性和可控制性，且可以根据实际需要制定测量步骤，实现测量过程和数据处理的自动化。

自编远程控制程序可以采用任何支持 NI-VISA 库的开发平台和设计语言。开发平台如 Windows、Linux 等，设计语言如 Visual C++、Visual Basic、LabVIEW、LabWindows/CVI、gcc 等。

一般来说，Visual C++ 具有最好的代码执行效率，Visual Basic 具有最好的界面开发效率，LabVIEW、LabWindows/CVI 与 NI-VISA 库同出一门，因此其封装和接口更为高效。使用何种开发平台和设计语言，通常取决于用户的基础和偏好。

下面以 Visual C++ 为例，介绍自编远程控制程序控制 RSA5065 频谱分析仪的方法：

(1) 首先确认电脑上已经安装 NI 的 VISA 库(可从 http://www.ni.com/visa/下载)。本文中默认安装路径为 C:\Program Files\IVI Foundation\VISA。

(2) 用网线将频谱分析仪的 LAN 口(见频谱分析仪后面板)与 PC 的 LAN 接口相连，也可以使用网线将频谱分析仪连接至 PC 所在的局域网内。

(3) 配置频谱分析仪的网络地址，使之与 PC 的网络地址在同一个网段中，确保默认网关、子网掩码和 DNS 完全相同，IP 地址不同且可用。例如，若 PC 的网络地址设置如下：

　　IP 地址：192.168.10.10

　　子网掩码：255.255.255.0

　　默认网关：空

　　DNS：空

则频谱分析仪的网络地址可设置如下：

　　IP 地址：192.168.10.5(确保 IP 可用)

　　子网掩码：255.255.255.0

　　默认网关：空

　　DNS：空

(4) 在 Visual C++ 中创建控制台工程，工程名如 Remote。

(5) 在 Visual C++ 的 Include files 配置中包含路径 C:\Program Files\IVI Foundation\VISA\WinNT\include，这样才能访问代码中的 visa.h 等文件。

(6) 在 Visual C++ 的 Library files 配置中包含路径 C:\Program Files\IVI Foundation\VISA\WinNT\lib\msc，这样才能访问代码中的 visa32.lib 等文件。

(7) 将程序运行所需的动态链接库文件，如 visa32.dll、NiViSv32.dll、NiSpyLog.dll 等文件复制到程序运行目录下。

(8) 在 Remote.cpp 源文件中编写以下代码：

```cpp
#include "stdafx.h"
#include <string.h>
#include "visa.h"
#pragma comment(lib, "visa32.lib")
#define MAX_REC_SIZE 300


int main(int argc, char* argv[])
{
    const char instrAddr[] = "TCPIP0::192.168.10.5::INSTR";
    ViSession sessRM;
    ViSession sessInstr;

    ViStatus status = viOpenDefaultRM(&sessRM);
    if (status != 0)
    {
        printf("viOpenDefaultRM error!");
        return -1;
    }

    status = viOpen(sessRM, (char*)instrAddr, VI_NULL, VI_NULL, &sessInstr); //Open the device
    if (status != 0)//If you fail to open the connection, close the resource
    {
        printf("viOpen error!");
        viClose(sessRM);
        return -1;
    }

    ViUInt32 retCount;
    char SendBuf[] = "*IDN?";
    status = viWrite(sessInstr, (unsigned char*)SendBuf, strlen(SendBuf), &retCount);

    unsigned char RecBuf[MAX_REC_SIZE];
    status = viRead(sessInstr, RecBuf, MAX_REC_SIZE, &retCount);
    RecBuf[retCount] = 0;
    printf("%s", RecBuf);

    status = viClose(sessInstr);//close the system
    status = viClose(sessRM);
}
```

程序编译执行，结果如图 9.9 所示。

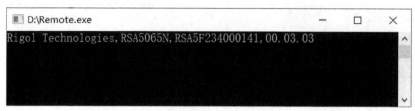

图 9.9　普源 RSA5065N 型频谱分析仪远程访问结果

以上程序仅执行了一条命令，即"*IDN?"，其他命令请查阅 RSA5000 系列频谱分析仪的命令系统。

实际上以上代码适用于大部分采用 NI-VISA 和 SCPI 规范的 LXI 仪器，例如对于是德科技 33511B 型信号发生器，同样运行上述程序，返回的信息如图 9.10 所示。

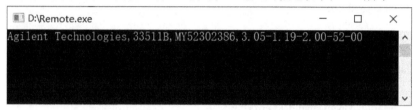

图 9.10　是德科技 33511B 型信号发生器远程访问结果

除使用以太网连接进行远程控制，用户也可以使用 USB 联机方式进行控制。

附录 A 射频连接器的结构尺寸

射频连接器的结构尺寸如图 A.1 至图 A.5 所示。

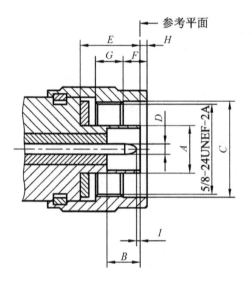

插 针				插 孔		
标号	min/mm	max/mm		标号	min/mm	max/mm
A	—	8.38		A	8.03	8.13
B	5.33	5.84		B	4.75	5.26
C	16.00	—		C	—	3.15
D	1.60	1.68		D	—	15.93
E	10.11	10.46		E	5.33	—
F	4.01	4.27		F	9.04	9.19
G	4.50	—		G	1.19	1.96
H	0.41	1.52		H	4.37	5.13
I	0.08	—		I	10.72	—

图 A.1 N 型连接器结构尺寸

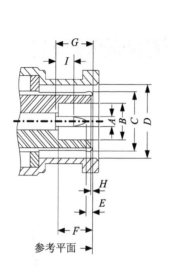
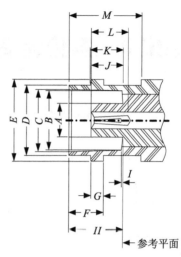

插　针		
标号	min/mm	max/mm
A	1.32	1.37
B	4.83	—
C		—
D	9.78	9.91
E	0.08	—
F	5.28	5.79
G	5.33	5.84
H	0.15	—
I	1.98	—

插　孔		
标号	min/mm	max/mm
A	—	4.72
B	8.10	8.15
C	8.31	8.46
D	9.60	9.70
E	10.97	11.07
F	5.18	5.28
G	1.91	2.06
H	8.31	8.51
I	—	0.15
J	4.72	5.23
K	4.78	5.28
L	4.95	—
M	10.52	—

图 A.2　BNC 型连接器结构尺寸

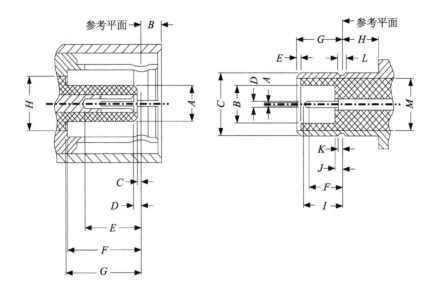

插　针		
标号	min/mm	max/mm
A	—	2.06
B	—	1.63
C	0.18	—
D	0.18	0.94
E	2.97	—
F	3.58	—
G	3.58	—
H	3.05	

插　孔		
标号	min/mm	max/mm
A	—	0.25
B	2.08	—
C	3.66	3.71
D	0.48	0.53
E	0.00	—
F	1.32	—
G	3.33	3.58
H	1.65	—
I	—	2.97
J	—	0.18
K	—	0.18
L	0.69	0.94
M	3.05	

图 A.3　SMA 型连接器结构尺寸

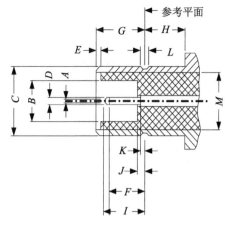

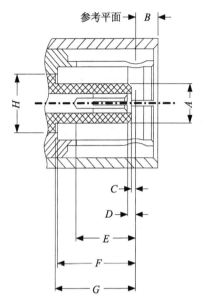

插 针		
标号	min/mm	max/mm
A	—	2.06
B	—	1.63
C	0.18	—
D	0.18	0.94
E	2.97	—
F	3.58	—
G	3.58	—
H	3.05	

插 孔		
标号	min/mm	max/mm
A	—	0.25
B	2.08	—
C	3.66	3.71
D	0.48	0.53
E	0.00	—
F	1.32	—
G	3.33	3.58
H	1.65	—
I	—	2.97
J	—	0.18
K	—	0.18
L	0.69	0.94
M	3.05	

图 A.4 SMB 型连接器结构尺寸

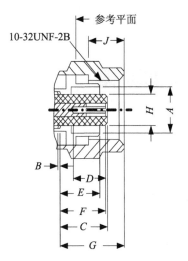
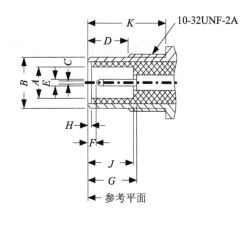

插针		
标号	min/mm	max/mm
A	3.73	—
B	0.00	—
C	—	3.40
D	2.79	—
E	—	3.10
F	2.85	3.40
G	—	5.92
H	—	2.06
J	2.79	—

插孔		
标号	min/mm	max/mm
A	2.08	—
B	—	3.71
C	—	0.25
D	3.12	3.38
E	0.48	0.53
F	0.61	—
G	3.40	—
H	0.00	—
J	3.40	—
K	5.94	—

图 A.5   SMC 型连接器结构尺寸

附录 B 功率/电压的换算

换算公式：

$$P(\text{dBm}) = 10\lg P \text{ (mW)} \tag{B.1}$$

$$P(\text{W}) = \frac{U_{\text{rms}}^2}{50} \tag{B.2}$$

$$U_{\text{rms}} = \frac{U_{\text{p}}}{\sqrt{2}} = \frac{U_{\text{pp}}}{2\sqrt{2}} \tag{B.3}$$

功率/电压换算表如表 B.1 所示。

表 B.1　功率/电压换算表

功　率				电　压/V		
dBm	dBW	W	mW	U_{pp}	U_{p}	U_{rms}
−30	−0.030	0.000 001 0	0.001 00	0.020	0.010	0.007
−29	−0.029	0.000 001 3	0.001 26	0.022	0.011	0.008
−28	−0.028	0.000 001 6	0.001 58	0.025	0.013	0.009
−27	−0.027	0.000 002 0	0.002 00	0.028	0.014	0.010
−26	−0.026	0.000 002 5	0.002 51	0.032	0.016	0.011
−25	−0.025	0.000 003 2	0.003 16	0.036	0.018	0.013
−24	−0.024	0.000 004 0	0.003 98	0.040	0.020	0.014
−23	−0.023	0.000 005 0	0.005 01	0.045	0.022	0.016
−22	−0.022	0.000 006 3	0.006 31	0.050	0.025	0.018
−21	−0.021	0.000 007 9	0.007 94	0.056	0.028	0.020
−20	−0.020	0.000 010 0	0.010 00	0.063	0.032	0.022
−19	−0.019	0.000 012 6	0.012 59	0.071	0.035	0.025
−18	−0.018	0.000 015 8	0.015 85	0.080	0.040	0.028
−17	−0.017	0.000 020 0	0.019 95	0.089	0.045	0.032
−16	−0.016	0.000 025 1	0.025 12	0.100	0.050	0.035
−15	−0.015	0.000 031 6	0.031 62	0.112	0.056	0.040
−14	−0.014	0.000 039 8	0.039 81	0.126	0.063	0.045
−13	−0.013	0.000 050 1	0.050 12	0.142	0.071	0.050
−12	−0.012	0.000 063 1	0.063 10	0.159	0.079	0.056
−11	−0.011	0.000 079 4	0.079 43	0.178	0.089	0.063

功　率				电　压/V		
dBm	dBW	W	mW	U_{pp}	U_p	U_{rms}
−10	−0.010	0.000 100 0	0.100 00	0.200	0.100	0.071
−9	−0.009	0.000 125 9	0.125 89	0.224	0.112	0.079
−8	−0.008	0.000 158 5	0.158 49	0.252	0.126	0.089
−7	−0.007	0.000 199 5	0.199 53	0.283	0.141	0.100
−6	−0.006	0.000 251 2	0.251 19	0.317	0.158	0.112
−5	−0.005	0.000 316 2	0.316 23	0.356	0.178	0.126
−4	−0.004	0.000 398 1	0.398 11	0.399	0.200	0.141
−3	−0.003	0.000 501 2	0.501 19	0.448	0.224	0.158
−2	−0.002	0.000 631 0	0.630 96	0.502	0.251	0.178
−1	−0.001	0.000 794 3	0.794 33	0.564	0.282	0.199
0	0.000	0.001 000 0	1.000 00	0.632	0.316	0.224
1	0.001	0.001 258 9	1.258 93	0.710	0.355	0.251
2	0.002	0.001 584 9	1.584 89	0.796	0.398	0.282
3	0.003	0.001 995 3	1.995 26	0.893	0.447	0.316
4	0.004	0.002 511 9	2.511 89	1.002	0.501	0.354
5	0.005	0.003 162 3	3.162 28	1.125	0.562	0.398
6	0.006	0.003 981 1	3.981 07	1.262	0.631	0.446
7	0.007	0.005 011 9	5.011 87	1.416	0.708	0.501
8	0.008	0.006 309 6	6.309 57	1.589	0.794	0.562
9	0.009	0.007 943 3	7.943 28	1.783	0.891	0.630
10	0.010	0.010 000 0	10.000 00	2.000	1.000	0.707
11	0.011	0.012 589 3	12.589 25	2.244	1.122	0.793
12	0.012	0.015 848 9	15.848 93	2.518	1.259	0.890
13	0.013	0.019 952 6	19.952 62	2.825	1.413	0.999
14	0.014	0.025 118 9	25.118 86	3.170	1.585	1.121
15	0.015	0.031 622 8	31.622 78	3.557	1.778	1.257
16	0.016	0.039 810 7	39.810 72	3.991	1.995	1.411
17	0.017	0.050 118 7	50.118 72	4.477	2.239	1.583
18	0.018	0.063 095 7	63.095 73	5.024	2.512	1.776
19	0.019	0.079 432 8	79.432 82	5.637	2.818	1.993
20	0.020	0.100 000 0	100.000 00	6.325	3.162	2.236

续表二

功率				电压/V		
dBm	dBW	W	mW	U_{pp}	U_p	U_{rms}
21	0.021	0.125 892 5	125.892 54	7.096	3.548	2.509
22	0.022	0.158 489 3	158.489 32	7.962	3.981	2.815
23	0.023	0.199 526 2	199.526 23	8.934	4.467	3.159
24	0.024	0.251 188 6	251.188 64	10.024	5.012	3.544
25	0.025	0.316 227 8	316.227 77	11.247	5.623	3.976
26	0.026	0.398 107 2	398.107 17	12.619	6.310	4.462
27	0.027	0.501 187 2	501.187 23	14.159	7.079	5.006
28	0.028	0.630 957 3	630.957 34	15.887	7.943	5.617
29	0.029	0.794 328 2	794.328 23	17.825	8.913	6.302
30	0.030	1.000 000 0	1000.000 00	20.000	10.000	7.071

附录C 驻波比/回波损耗的换算

驻波比/回波损耗的换算如表 C.1 所示。

表 C.1 驻波比/回波损耗的换算

驻波比	回波损耗/dB	驻波比	回波损耗/dB	驻波比	回波损耗/dB
1.01	46.064	1.23	19.732	1.45	14.719
1.02	40.086	1.24	19.401	1.46	14.564
1.03	36.607	1.25	19.085	1.47	14.412
1.04	34.151	1.26	18.783	1.48	14.264
1.05	32.256	1.27	18.493	1.49	14.120
1.06	30.714	1.28	18.216	1.50	13.979
1.07	29.417	1.29	17.949	1.60	12.736
1.08	28.299	1.30	17.692	1.70	11.725
1.09	27.318	1.31	17.445	1.80	10.881
1.10	26.444	1.32	17.207	1.90	10.163
1.11	25.658	1.33	16.977	2.00	9.542
1.12	24.943	1.34	16.755	2.10	8.999
1.13	24.289	1.35	16.540	2.20	8.519
1.14	23.686	1.36	16.332	2.30	8.091
1.15	23.127	1.37	16.131	2.40	7.707
1.16	22.607	1.38	15.936	2.50	7.360
1.17	22.120	1.39	15.747	3.00	6.021
1.18	21.664	1.40	15.563	3.50	5.105
1.19	21.234	1.41	15.385	4.00	4.437
1.20	20.828	1.42	15.211	5.00	3.522
1.21	20.443	1.43	15.043		
1.22	20.079	1.44	14.879		

附录 D 常见电缆的速率因子与损耗因子

常见电缆的速率因子与损耗因子如表 D.1 所示。

表 D.1 常见电缆的速率因子与损耗因子

电缆名称	速率因子	损耗因子/(dB/m)		
		1000 MHz	2000 MHz	2500 MHz
310801	0.82	0.115	—	—
311201	0.82	0.180	—	—
311501	0.80	0.230	—	—
311601	0.80	0.262	—	—
311901	0.80	0.377	—	—
352001	0.80	0.377	—	—
AL5-50	0.91	0.041	0.060	0.068
AL7-50	0.92	0.025	0.036	0.042
AP012J50	0.93	0.081	0.117	0.132
AQ012J50	0.93	0.140	0.211	0.249
AR012J50	0.91	0.088	0.127	0.133
AR058J50	0.91	0.059	0.098	0.120
AR078J50	0.91	0.043	0.069	0.087
AR114J50	0.91	0.030	0.045	0.060
AR158J50	0.91	0.026	0.042	0.052
AT012J50	0.91	0.075	0.111	0.126
AT058J50	0.91	0.054	0.081	0.094
AT078J50	0.91	0.038	0.056	0.064
AT114J50	0.91	0.029	0.044	0.052
AT158J50	0.91	0.022	0.033	0.044
AVA5-507/8	0.91	0.038	0.055	0.063
AVA7-501-5/8	0.92	0.022	0.034	0.038
CR1480	0.87	0.027	0.041	0.048
CR501070PE	0.88	0.037	0.055	0.064
CR501873PE	0.88	0.022	0.034	0.040
CR50540PE	0.88	0.069	0.103	0.116

续表一

电缆名称	速率因子	损耗因子/(dB/m)		
		1000 MHz	2000 MHz	2500 MHz
EC12-502-1/4	0.88	0.022	0.032	0.038
EC4.5-505/8	0.88	0.056	0.074	0.082
EC4-501/2	0.88	0.074	0.109	0.121
EC4-50-HF1/2	0.82	0.108	0.161	0.183
EC5-50A7/8	0.89	0.038	0.056	0.066
EC6-50A1-1/4	0.88	0.028	0.043	0.050
EC7-50A1-5/8	0.89	0.023	0.034	0.040
EFX2-50	0.85	0.121	0.177	0.202
FLC114-50J	0.88	0.033	0.050	0.059
FLC158-50J	0.88	0.025	0.038	0.042
FLC38-50J	0.88	0.115	0.169	0.190
FLC78-50J	0.88	0.041	0.061	0.072
FLC12-50J	0.88	0.075	0.110	0.134
FSJ1-50A	0.84	0.196	0.285	0.313
FSJ2-50	0.83	0.133	0.196	0.223
FSJ4-50B	0.81	0.118	0.176	0.201
FXL-780-PE	0.88	0.039	0.057	0.065
HCA12-50J	0.92	0.087	0.126	0.137
HCA158-50J	0.95	0.022	0.031	0.033
HCA300-50J	0.96	0.015	—	—
HCA312-50J	0.96	0.013	—	—
HCA418-50J	0.97	0.010	—	—
HCA500-50J	0.96	0.007	—	—
HCA618-50J	0.97	0.006	—	—
HCA78-50J	0.92	0.041	0.061	0.066
HJ12-50	0.93	0.019	0.029	—
HJ4.5-50	0.92	0.054	0.079	0.089
HJ4-50	0.91	0.092	0.137	0.156
HJ5-50	0.92	0.042	0.063	0.071
HJ7-50A	0.92	0.023	0.034	0.039
HL4RP-50A	0.88	0.074	0.109	0.123
LCF12-50J	0.88	0.072	0.105	0.118

电缆名称	速率因子	损耗因子/(dB/m)		
		1000 MHz	2000 MHz	2500 MHz
LCF158-50JA	0.90	0.024	0.036	0.042
LCF158-50JL	0.90	0.024	0.037	0.042
LCF214-50JA	0.88	0.021	0.033	—
LCF38-50J	0.88	0.113	0.165	0.186
LCF58-50J	0.88	0.056	0.083	0.094
LCF78-50JA	0.90	0.039	0.058	0.066
LCF78-50JL	0.90	0.042	0.061	0.069
LCFS114-50JA	0.90	0.029	0.044	0.051
LDF12-50	0.88	0.021	0.033	—
LDF4.5-50	0.89	0.054	0.080	0.091
LDF4-50A	0.88	0.073	0.107	0.120
LDF5-50A	0.89	0.041	0.061	0.070
LDF5-50B	0.91	0.041	0.061	0.070
LDF6-50	0.89	0.028	0.042	0.048
LDF7-50A	0.88	0.024	0.037	0.043
LMR100	0.66	0.789	1.150	1.310
LMR1200	0.88	0.044	0.065	0.074
LMR1700	0.89	0.033	0.049	0.057
LMR200	0.83	0.342	0.490	0.554
LMR240	0.84	0.261	0.377	0.424
LMR400	0.85	0.135	0.196	0.222
LMR500	0.86	0.109	0.159	0.180
LMR600	0.87	0.087	0.128	0.145
LMR900	0.87	0.059	0.086	0.098
RF15/8-50	0.88	0.024	0.036	0.042
RF1/2-50	0.88	0.073	0.107	0.127
RF21/4-50	0.88	0.021	0.032	0.041
RF5/8-50	0.88	0.051	0.075	0.087
RF7/8-50	0.88	0.040	0.059	0.070
RFF1/2-50	0.82	0.112	0.167	0.190
RFF3/8-50	0.81	0.147	0.218	0.250
RFF7/8-50	0.88	0.040	0.066	0.076

续表三

电缆名称	速率因子	损耗因子/(dB/m)		
		1000 MHz	2000 MHz	2500 MHz
RG-142	0.70	0.430	0.663	0.713
RG-17/17A	0.66	0.180	—	—
RG-174	0.66	1.115	—	—
RG-178B	0.70	1.509	—	—
RG-188	0.69	0.951	—	—
RG-213	0.66	0.262	—	—
RG-214	0.66	0.229	—	—
RG-223	0.66	0.476	—	—
RG-316	0.70	0.856	—	—
RG-55/55A/55B	0.66	0.541	—	—
RG-58/58B	0.77	0.356	0.528	0.601
RG-58A/58C	0.73	0.594	—	—
RG-8(9913F7)	0.85	0.164	0.246	0.279
RG-8(9914)	0.82	0.144	0.213	0.246
RG-8(7733A)	0.84	0.193	0.283	0.328
RG-8(7810A/R/SB/WB)	0.86	0.132	0.197	0.220
RG-8(8214, 9354/55/56)	0.78	0.230	0.388	0.468
RG-8(8237, 9215)	0.66	0.243	0.416	0.501
RG-8(89913)	0.83	0.226	—	—
RG-8(9258)	0.82	0.367	—	—
RG-8(9913)	0.84	0.144	—	—
RG-8(9913F7)	0.85	0.164	0.246	0.279
RG-8(9914)	0.82	0.144	0.213	0.246
RG-9/9A	0.66	0.289	—	—
SCF12-50J	0.82	0.112	0.164	0.186
SFX500	0.87	0.105	0.151	0.171
UCF114-50JA	0.89	0.031	0.047	—
UCF78-50JA	0.88	0.042	0.062	0.070
VXL5-507/8	0.88	0.045	0.066	0.075
VXL6-501-1/4	0.88	0.032	0.048	0.055
VXL7-501-5/8	0.88	0.024	0.037	0.043

参 考 文 献

[1] 深圳驿生胜利科技有限公司. VC890D/890C+ 数字万用表使用说明书，2020.

[2] 固纬电子实业股份有限公司. GDS-1000A-U 系列数位存储示波器使用手册，2011.

[3] 固纬电子实业股份有限公司. AFG-2000 系列任意波形信号发生器使用手册，2011.

[4] 普源精电科技股份有限公司. RSA5000 系列实时频谱分析仪用户手册，2020.

[5] Rohde & Schwarz GmbH & Co. KG. R&S ZNB Vector Network Analyzer User Manual，2021.

[6] 中电科思仪科技股份有限公司. 3680 系列天馈线测试仪使用说明书，2021.

[7] Rohde & Schwarz GmbH & Co. KG. R&S NRP2 Power Meter User Manual，2015.

[8] 中电科思仪科技股份有限公司. 2438 系列微波功率计用户手册，2021.

[9] Keysight Technologies. N9040B UXA X-Series Signal Analyzer Data Sheet，2021.

[10] 普源精电科技股份有限公司. RSA5000 系列实时频谱分析仪编程手册，2018.

[11] Good Will Instrument Co., Ltd. GDS-1000A-U Series Digital Storage Oscilloscope Programming Manual，2011.